高等教育艺术设计专业"十四五"校企合作融媒体系列教材

UI设计理论与实践

主　编　李丽华　刘夏滢　高　旭

副主编　严　璐　俞　燕　任　华　余红梅　谢增福　潘美莲

华中科技大学出版社
http://press.hust.edu.cn
中国·武汉

内 容 简 介

本书以基础理论为基石，详细解析 UI 设计的定义、类型、流程及构成要素；聚焦专项技能，深入剖析 UI 图标设计、网页 UI 界面设计、APP UI 界面设计的规范原则、布局样式与设计技巧；进阶拓展高阶应用，涵盖 UI 交互设计、门面首页策划、数据可视化界面设计以及 2.5D 插画场景搭建等领域。本书结构清晰，内容翔实，详细解读了 UI 设计的理念与方法，能够帮助读者轻松理解和应用 UI 设计，培养读者在 UI 设计方面分析问题和解决问题的能力。

本书可作为高职高专院校教学用书，也可供 UI 设计爱好者自学参考。

图书在版编目（CIP）数据

UI 设计理论与实践 / 李丽华，刘夏滢，高旭主编． -- 武汉：华中科技大学出版社，2025.5.
ISBN 978-7-5772-1836-6

Ⅰ．TP311.1

中国国家版本馆 CIP 数据核字第 20257QF645 号

UI 设计理论与实践
UI Sheji Lilun yu Shijian

李丽华　刘夏滢　高旭　主编

策划编辑：江　畅

责任编辑：刘　静

封面设计：孢　子

责任监印：朱　玢

出版发行：华中科技大学出版社（中国·武汉）　　电话：（027）81321913
　　　　　武汉市东湖新技术开发区华工科技园　　邮编：430223

录　　排：武汉创易图文工作室

印　　刷：武汉市洪林印务有限公司

开　　本：889 mm×1194 mm　1/16

印　　张：8.5

字　　数：244 千字

版　　次：2025 年 5 月第 1 版第 1 次印刷

定　　价：58.00 元

前言
Preface

在数字化转型浪潮中，用户界面(UI)设计已突破传统视觉传达的边界，演进为人机交互体验的核心塑造者，成为连通用户需求与产品功能的关键桥梁。优秀的 UI 设计不仅能提升产品市场竞争力，还能增强用户忠诚度。为此，本书应运而生，旨在为设计专业学生、行业新人及 UI 设计爱好者构建系统化、前瞻性的知识体系，同时培养其核心设计思维与实践能力。

本书以基础理论为基石，详细解析 UI 设计的定义、类型、流程及构成要素；聚焦专项技能，深入剖析 UI 图标设计、网页 UI 界面设计、APP UI 界面设计的规范原则、布局样式与设计技巧；进阶拓展高阶应用，涵盖 UI 交互设计、门面首页策划、数据可视化界面设计以及 2.5D 插画场景搭建等领域。为了突出对实践能力的培养，本书安排了具有代表性的案例，其中部分案例来自广州冠岳网络科技有限公司的实际项目。

由于时间仓促、编者水平有限，书中肯定存在不尽如人意之处，恳请广大读者批评指正，以便后续改正。

目录
Contents

UI

UI Sheji Lilun yu Shijian

第一章

UI 设计基本理论

知识目标:理解 UI 设计的基本概念和类型,掌握 UI 设计的定义和 UI 设计的不同类型。

能力目标:能够识别和区分不同类型的 UI 设计,理解 UI 设计在不同应用场景中的适用性。

素养目标:建立对 UI 设计重要性的认识,树立良好的设计观念,增强对设计美学的敏感度。

第一节　UI 设计的定义

UI 设计(用户界面设计)是为数字产品设计用户界面的过程,涵盖用户体验、界面设计、交互设计、标准化设计及迭代等方面。UI 设计的主要目的是提供舒适、自然的用户体验,使复杂功能简单易懂,降低学习成本,提高用户满意度和忠诚度。UI 设计需关注界面元素,如布局、颜色、字体、图标和按钮,以提升产品美感和用户认可度。同时,交互设计涉及用户与产品的交互方式和流程,良好的交互设计能提高易用性和用户满意度。设计过程中应遵循标准化,通过统一规范提升用户认可度。UI 设计是一个不断迭代的过程,设计师需持续收集反馈和分析数据,以调整和改进设计方案,确保产品符合用户需求。

UI 设计原则是指导设计师创建用户界面的基本准则,包括简洁性、一致性、可用性、可访问性、美感性、易学性、可拓展性、可靠性、反馈性和可维护性。简洁性要求用户界面没有多余元素,保持清晰;一致性要求通过统一设计元素增强用户识别度;可用性强调以用户为中心进行设计,提升体验;可访问性要求确保所有用户都能使用产品;美感性强调使用户对产品的第一印象较好;易学性要求降低用户学习成本;可拓展性要求让设计适应未来变化;可靠性强调关注产品的稳定性;反馈性要求通过及时反馈增强交互;可维护性要求便于产品更新。这些原则共同作用,旨在适应用户需求,提升产品的可用性,增强产品的竞争力,提升用户满意度。这些原则是设计师在实践中不断探索和总结的结果。

第二节　UI 设计的类型

每种 UI 设计类型都有特定的应用场景和设计原则。UI 设计师需根据具体需求和产品类型选择合适的 UI 设计类型,并遵循相应原则,以确保用户界面满足用户需求,提升产品竞争力和用户体验。

一、UI 图标设计

UI 图标设计是 UI 设计的重要组成部分,旨在将信息和功能转化为简洁明了的视觉图标。这一设计在现代

UI 中至关重要,能有效帮助用户理解和操作产品。设计师需考虑图标的形状、大小、颜色和比例等因素。图标的形状应简洁易辨,设计师应考虑用户的文化背景,选择熟悉的符号,以便用户理解。图标的大小必须适中,符合不同设备和平台的要求。颜色是 UI 图标设计中的关键因素,用于传达信息、情感和识别品牌。设计师需选择与产品风格相符的颜色,确保颜色搭配协调并具备适当的对比度,以便图标在不同背景下清晰可见。设计风格也至关重要,设计师应在扁平化、立体化等风格间选择,确保 UI 图标设计的一致性和和谐性。

总之,UI 图标设计在 UI 设计中起着关键作用,图标是用户与产品互动的重要元素。设计师需综合考虑图标的形状、大小、颜色和设计风格,以提升图标的易用性和美观性,从而提高用户体验和品牌价值。

二、网页 UI 界面设计

网页 UI 界面设计是为网站或 Web 应用程序创建用户界面,以便用户能够以简单、直观的方式进行交互,旨在提升用户体验和操作效率,从而提高用户满意度,增加用户访问量。网页 UI 界面设计涉及图形用户界面、交互方式和用户体验等方面,设计师需考虑不同设备的分辨率和操作系统等因素,并根据网站或应用的功能和用户需求制定相应方案。优秀的网页 UI 界面设计需满足用户需求,关注易用性、可访问性、可维护性和兼容性。设计师应创建易于理解和导航的界面,使用户能快速找到所需信息和功能,提升用户满意度和使用效率。

总之,网页 UI 界面设计是一门综合性学科,设计师需结合用户需求、应用功能和品牌形象进行综合设计,以提供良好的用户体验,实现高效操作。一个优秀的网页 UI 界面设计应能吸引用户注意,同时符合品牌风格和用户需求。Stripe 网页 UI 界面设计(图 1–1)是一个成功的网页 UI 界面设计案例。

Stripe 是一家在线支付处理公司,它的网页 UI 界面设计简洁而富有创意。以下是该设计的亮点。

1. 色彩搭配

Stripe 网页 UI 界面主色调为深蓝色,符合品牌形象,同时采用明亮的黄色、橙色和粉色等鲜艳颜色(图 1–2),以突出重要内容和按钮,增强用户注意力和互动性。

图 1–1　Stripe 网页 UI 界面设计

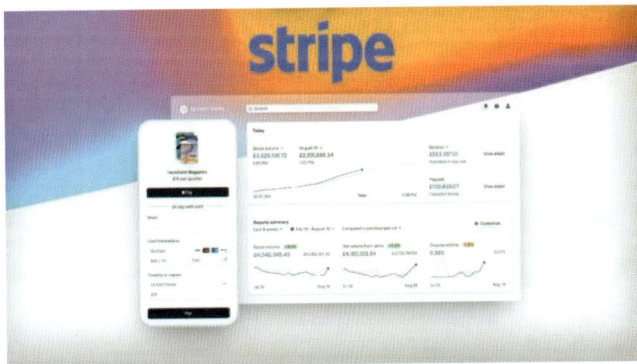

图 1–2　采用明亮鲜艳的颜色

2. 排版和布局

Stripe 网页 UI 界面排版简洁、整齐,内容清晰,导航栏明了,紧凑的模块布局使用户能快速查找信息。此外,巧妙的瀑布流布局使得图片和文字组合和谐。

3. 图标设计

Stripe 网页 UI 界面中的图标采用扁平化风格,色彩饱满、线条简洁,符合现代品牌形象,且设计细致,可准确传达信息,帮助用户快速理解内容。

4. 交互设计

Stripe 网页 UI 界面的交互设计人性化,用户在付款时能方便地选择不同付款方式,信息填写也很顺畅,同时动画和过渡效果增强了用户体验。

Stripe 的网页 UI 界面设计展现了设计师对用户需求的深刻理解和对品牌风格的精准把握,视觉效果出色,能够使用户愉悦地使用网页。

三、APP UI 界面设计

APP UI 界面设计是为移动应用程序(APP)创建用户界面,以便用户通过简单、直观的方式进行交互,旨在提升用户体验和操作效率,从而增加用户满意度和下载量。APP UI 界面设计涉及图形用户界面、交互方式和用户体验等方面,设计师需考虑不同移动设备的屏幕尺寸、分辨率和操作系统等因素,并根据应用功能和用户需求制定相应方案。一个优良的 APP UI 界面设计需满足用户需求,注重易用性、可访问性、可维护性和兼容性。设计师应创建易于理解和导航的界面,使用户能快速找到所需信息和功能,从而提升用户满意度和使用效率。

APP UI 界面设计还应关注视觉效果和品牌形象,包括颜色、字体、图标、图片和动画等元素,这些都需与应用功能和主题相匹配,并符合用户需求与品位,以建立独特的品牌形象。一个典型的 APP UI 界面设计案例是 Forest 应用程序 UI 界面(图 1-3)。Forest 应用程序 UI 界面可以帮助用户解决智能手机过度使用的问题。

Forest 应用程序的 UI 界面设计简洁直观,采用淡绿色和淡灰色,营造自然轻松的感觉。主界面展示一片绘制的森林,树木数量取决于用户完成的任务。该应用通过游戏化元素激励用户专注。当用户设置计时器(图 1-4)时,应用程序将在这段时间内阻止用户使用手机,用户必须让树苗生长成树,否则树苗会死亡。完成任务将使树木成长,并在用户的"森林"中增加新树。

此外,Forest 应用程序还具备统计和时间跟踪功能(图 1-5),可帮助用户了解手机使用习惯和专注时间,同时可为任务添加自定义标签以便组织管理。

图 1-3　Forest 应用程序　　图 1-4　计时器　　图 1-5　统计和时间追踪功能

— 课后练习 —

1. 请简述 UI 设计的定义,并举例说明不同类型的 UI 设计。
2. 结合实际案例,分析 UI 设计在用户体验中的重要性。
3. 讨论 UI 设计的基本原则,并说明如何在设计中应用这些原则。
4. 应用本章所学的基本理论,设计一个简单的 APP UI 界面。

UII

UI Sheji Lilun yu Shijian

第二章
UI 设计的方法

知识目标：掌握UI设计的流程、构成要素以及文字和排版的基本知识。

能力目标：能够应用UI设计流程和要素进行基本设计，熟练运用文字和排版技巧提升设计效果。

素养目标：培养系统化的设计思维和对细节的关注习惯，增强对设计过程的理解和掌控能力。

第一节　UI设计的流程

UI设计流程是一系列系统化的步骤，从产品调研开始，设计师需深入了解产品定位、目标用户群体、市场需求以及竞争对手的状况。接着，在功能与结构设计阶段，设计师需确定产品的布局、功能和交互方式，并通过手绘草图或设计软件进行初步规划。

进入视觉设计阶段，设计师需专注于色彩搭配、字体选择、图标设计和排版布局，确保视觉元素与产品定位和用户需求相匹配，同时保持与品牌形象的一致性。随后，在原型设计阶段，设计师需利用工具（如Axure或Mockplus）制作交互式原型，模拟用户操作流程。

测试与优化阶段涉及用户测试，以评估原型的可用性和功能性，根据反馈进行必要的调整。最后，设计师需将经过精细打磨的设计交付给开发团队，并确保沟通顺畅，以保证最终产品能够忠实地反映设计意图和满足用户需求。

整个UI设计流程要求设计师在各个环节进行细致的工作，不断沟通、协调和优化，以确保设计目标的实现和提供卓越的用户体验。

一、UI设计的产品分析（服务定位）

产品分析是UI设计的关键环节，旨在评估产品特点、用户需求、目标用户和竞争对手。产品分析主要包括以下内容：产品特点分析，旨在了解功能、特性、目标用户群和市场定位，制定UI设计方案；用户需求分析，旨在通过调研和测试收集数据，确定需求和行为，明确设计重点和方向；竞争对手分析，旨在研究竞品特点、UI设计风格和用户体验，制定差异化UI设计策略，增强市场竞争力；设计原则分析，旨在遵循易用性、可访问性和可维护性等UI设计原则，确保设计质量和效果；评估与优化，旨在通过持续评估和收集用户反馈，及时优化UI设计，使UI设计符合用户需求和产品要求。在UI设计过程中，产品分析可以帮助设计师深入理解用户和市场需求，制定有效UI设计方案，提高市场竞争力和用户满意度。

二、UI版面设计

UI版面设计需遵循易用性、简洁性、一致性、美观性和可访问性原则。易用性原则是指确保用户能够快速获取信息；简洁性原则要求通过减少视觉元素来避免用户分心；一致性原则要求提供稳定体验；美观性原则要求能吸引用户注意，增加用户停留时间；可访问性原则要求能满足包括视障用户在内的所有用户需求。

以知名电商平台淘宝网(图2-1)为例,它的 UI 版面设计简单明了,以红色和白色为主色调,布局清晰,便于用户使用。在淘宝网 UI 版面上,主要功能模块位于页面顶部,用户可以轻松找到所需商品和服务。

淘宝网的商品详细页面(图2-2)设计也是简洁美观的。每个商品都有清晰的图像、详细的描述和价格信息,使用户可以轻松比较商品。

图 2-1　淘宝网

图 2-2　商品详情页面

三、UI 交互设计

UI 交互设计专注于创造愉悦且直观的用户体验。这一过程从用户研究和需求分析开始,通过深入了解用户行为和需求来指导设计方向。接着,设计师利用 Sketch、Figma 等工具构建原型,模拟用户与界面的互动。在用户测试阶段,原型被用于收集用户反馈,以便发现问题和改进点。最终,设计师根据这些反馈细化设计方案,确保界面既满足用户需求又易于操作。

一个优秀的 UI 交互设计案例是 Uber 应用程序(图2-3)UI 交互设计。它采用简洁的界面,用户可通过简单手势(如滑动和点击)查找目的地、选择车辆类型和确认订单。

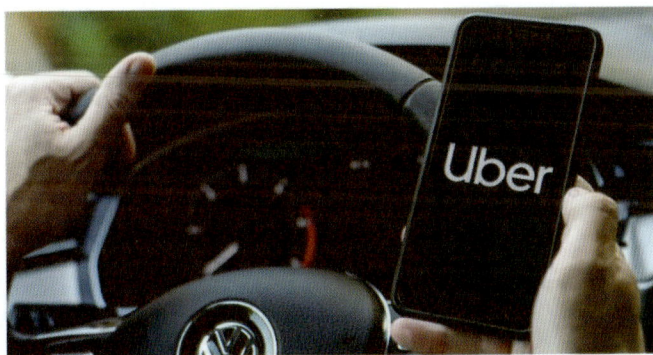

图 2-3　Uber 应用程序

Uber 应用程序的 UI 交互设计使用户可以快速、直接地与应用程序进行交互,从而带来较好的用户体验。

第二节　UI 设计的构成要素

　　UI 设计的构成要素涵盖布局、色彩、图标与图形、字体与排版、交互设计等方面。布局设计通过网格系统和对齐,确保页面元素的有序排列和视觉效果。色彩设计通过精心挑选的配色方案,增强视觉吸引力和品牌识别度。图标与图形设计通过直观的符号和图像,传递信息并保持与整体风格的一致性。字体与排版设计通过选择合适的字体和调整排版参数,提高文本的易读性和品牌一致性。交互设计通过优化用户与元素的互动,如按钮、表单和链接,以及反馈和动画,增强易用性和功能性。这些要素的融合和迭代,确保 UI 设计满足用户需求并适应市场动态。

一、UI 设计的整体风格

　　UI 设计的整体风格通过色彩、字体和布局等视觉元素体现,帮助用户迅速识别产品的风格和定位。常见的 UI 设计整体风格包括:扁平化风格,这种 UI 设计以简洁、清晰的设计去除多余阴影和纹理,适用于移动端产品;材质化风格,这种 UI 设计通过真实感元素提供直观的质感体验;极简主义风格,这种 UI 设计通过去除多余装饰强调简洁大气,注重用户体验;立体化风格,这种 UI 设计利用阴影和边框增强层次感和立体感;插画风格,这种 UI 设计融合绘画与平面设计,为产品增添趣味和创意。选择 UI 设计的整体风格时,应考虑产品定位和用户需求,以优化用户体验并增强市场竞争力。

二、UI 设计的色彩搭配

　　在 UI 设计中,色彩搭配是形成视觉吸引力和引导用户情感的关键手法。单色搭配策略通过单一颜色的亮度和饱和度变化来营造丰富的层次感,广泛应用于网页和移动应用程序 UI 设计。单色搭配策略具体实施方式包括:渐变搭配,如从浅蓝到深蓝的平滑过渡;黑白灰搭配,是指通过灰度变化展现简洁而优雅的风格;明度搭配,是指用同一颜色的不同明度来区分设计元素;饱和度搭配,是指通过同一颜色的不同饱和度来构建视觉体系。这些单色搭配技巧可以与其他配色方法(如互补色搭配和三色搭配)相结合,以创造出更加引人注目的视觉效果。

(一)对比色搭配

常见的对比色搭配方式及案例如下。

1. 黑色与白色

黑白相间可形成强烈对比,提升清晰度和易读性。例如,苹果公司的多款产品界面(图 2-4)普遍采用这种搭配,如 iPhone 的锁屏界面。

2. 蓝色与橙色

这种搭配可产生明显的视觉对比,提升设计的醒目度。例如,Firefox 浏览器的标志(图 2-5)就采用了蓝色与橙色搭配。

图 2-4 苹果公司的产品界面

图 2-5 Firefox 浏览器的标志

3. 紫色与黄色

此搭配效果强烈,吸引眼球。例如,图 2-6 就采用了紫色与黄色搭配。

4. 红色与绿色

红色与绿色搭配是对比色搭配中最容易引起注意的一种。这种搭配方式能够创造出非常强烈的对比效果,使设计更加突出,如图 2-7 所示。

图 2-6 紫色与黄色搭配示例

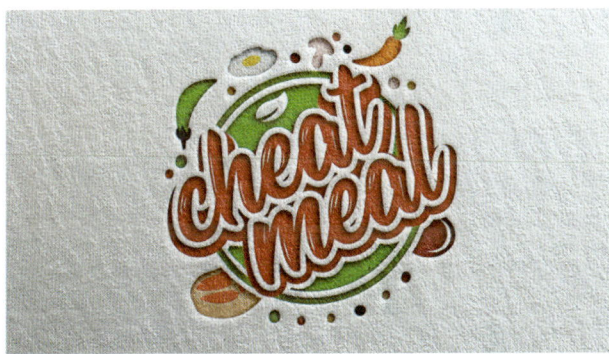

图 2-7 红色与绿色搭配示例

总之,对比色搭配是 UI 设计中非常重要的一种搭配方式,可以帮助设计师创造出醒目、易读的设计效果,提高设计的吸引力和易用性。

(二)类比色搭配

类比色搭配指在设计中使用相邻色或类似色,营造柔和、协调和温暖的效果,适用于温馨、自然或浪漫的产品。类比色搭配通常涉及相似亮度和饱和度的颜色,尽管这些颜色可能不在同一色相中。以下是几个实际案例。

1.Asana

Asana(图 2-8)是一个用于管理项目和任务的工具,它的 UI 设计采用了类比色搭配的方式。其中,蓝色代表项目,绿色代表任务,黄色代表优先级,橙色代表截止日期,紫色代表标签等。

2.Trello

Trello(图 2-9)是一个用于团队协作和任务管理的工具,它的 UI 设计也采用了类比色搭配的方式。其中,蓝色代表待办事项,绿色代表进行中的任务,黄色代表需要审核的任务,橙色代表已完成的任务,紫色代表优先级较高的任务等。

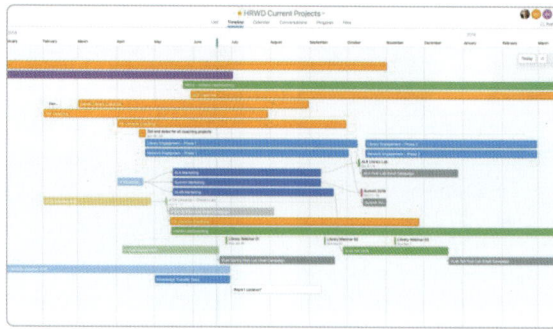

图 2-8　Asana

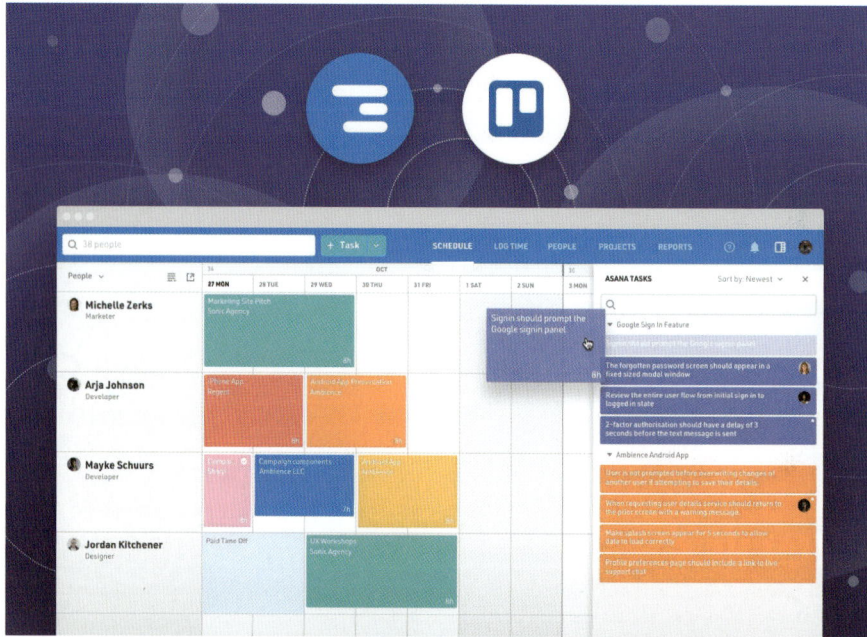

图 2-9　Trello

3.Spotify

　　Spotify（图 2-10）是一个流媒体音乐服务平台，它的 UI 设计使用了绿色和黑色的类比色搭配。这种搭配方式不仅强调了品牌的科技感，也突出了平台的活力和能量，符合年轻人的品位。

图 2-10　Spotify

（三）渐变色搭配

渐变色搭配在设计中使用颜色渐变,以实现渐变、渲染和流动效果,适用于具有科技感、时尚感和动态感的产品。在 UI 设计中,渐变色搭配是常用的颜色搭配方式,通过两种或多种颜色的渐变过渡,创造平面图像的视觉变化和立体感。下面是一些使用渐变色搭配的实际案例。

1.Instagram

Instagram(图 2-11)是一个非常流行的社交应用程序,它的应用程序图标中使用了渐变色搭配。该应用程序图标采用了由紫色到橙色的渐变,呈现出时尚感和活力感,体现了 Instagram 平台的特色和氛围。

图 2-11　Instagram

2.Apple Music

Apple Music(图 2-12)是苹果公司开发的一款在线音乐流媒体服务应用程序,它的应用程序图标使用了由红色到粉色的渐变色搭配。这种渐变色搭配营造了一种活力和热情的氛围,同时非常符合音乐这一主题的特性。

图 2-12　Apple Music

在 UI 设计中，Apple Music 广泛采用渐变色搭配，即将两种或多种颜色自然流畅地过渡。具体而言，Apple Music 的渐变配色方案具有以下特点。

1）多样化的渐变组合

不同页面和功能使用不同的渐变配色，形成丰富的色彩效果。

2）中性色与亮色搭配

中性色（如灰色、黑色、白色）营造简约现代的氛围，而亮色则增加活力和亮度。在 Apple Music 的 UI 设计（图 2-13）中，中性色作为渐变基础，搭配鲜艳亮色，形成视觉冲击效果。

图 2-13　Apple Music 的 UI 设计

总之，渐变色搭配是 UI 设计中非常重要的一种设计方式，通过合理地运用渐变色搭配，可以增加设计的层次感、视觉吸引力和用户体验。但需要注意的是，设计师需要根据产品类型、品牌特性等因素来选择合适的颜色搭配，才能达到较佳的设计效果。

3.Airbnb

Airbnb（图 2-14）在其网站和应用程序中使用了许多照片和插图（图 2-15），这些照片和插图使用了大量的颜色，从而创造了一种充满活力和温暖的感觉。这些照片和插图使用户感到舒适和放松，同时加深了用户对品牌的印象。

图 2-14　Airbnb

图 2-15　Airbnb 使用的插图

Airbnb 的字体配色主要使用黑色和白色。这种配色方案简单明了,易于阅读,并与品牌形象的主要颜色相匹配。在某些情况下, Airbnb 还会使用红色或其他配色方案作为字体的背景颜色。

在实际应用中,简单图案配色被广泛应用于各种类型的 UI 设计中,包括网页、移动应用程序等。例如:在一些电商网站的 UI 设计中,可以使用一些简单的图案和颜色搭配来增加商品的吸引力;在一些社交媒体应用程序的 UI 设计中,可以使用一些简单的几何图形和明亮的颜色来增加界面的时尚感和活力感。

另一个例子是 Nike 的商标(图 2-16),它只是一个简单的对钩图案,配色一般采用黑白或黑白红等简单的色彩搭配。

图 2-16　Nike 的商标

还有一种常见的简单图案配色使用几何形状和线条来表示简洁的品牌标志,如 Adidas(图 2-17)的三条斜线和 McDonald's(图 2-18)的金色大拱门。这些图案使用简单的形状和色彩来传达品牌的本质,同时保持简洁和清晰。

图 2-17　Adidas

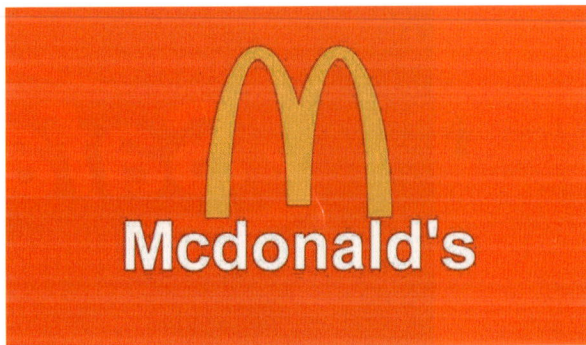

图 2-18　McDonald's

在使用简单的图案来设计 UI 时,设计师需要考虑到色彩和形状的组合,以确保品牌标志的易识别性和视觉吸引力。这需要设计师对颜色和形状的使用有一定的理解,以确保它们在 UI 设计中的效果最大化。

(四)图案纹理配色

图案纹理配色是指使用一些复杂的图案纹理来搭配主色调。这种搭配方法能够增加整个设计的质感和深度感,使设计更具有生动性和立体感。

以下是一个运用图案纹理的 UI 设计案例。

Marie's Fleur de Lis(图 2-19)是一家以法式浪漫为主题的花店品牌,它的网站 UI 界面设计运用了大量的图案纹理,体现了品牌的法式浪漫风格。

在网站的背景图案中,设计师使用了一种具有法式风情的花卉图案纹理,这种图案与品牌名称中的 "Fleur de Lis" 不谋而合,呈现出法式浪漫的特色。在网站的版式设计(图 2-20)中,设计师也运用了图案纹理来区分不同的板块。

图 2-19　Marie's Fleur de Lis

图 2-20　Marie's Fleur de Lis 网站的版式设计

（五）重复图案配色

重复图案配色是指在整个设计中使用同一种图案来营造视觉效果。这种搭配方法能够增加设计的整体性和连贯性，使设计更加有序和规整。一个使用重复图案配色的实际案例是印度设计师 Sajid Wajid Shaikh 为肯尼亚公司 Safaricom（图 2-21）设计的标志。Safaricom 是肯尼亚最大的电信公司，它的标志包括三个不同颜色的圆圈，其中两个圆圈由同样的图案组成。这种设计为标志带来了视觉上的平衡和统一感，同时向肯尼亚的文化和传统致敬，因为这些图案和颜色是当地手工艺品和服装中常见的元素。

图 2-21　Safaricom

（六）镂空图案配色

镂空图案配色是指在设计中使用透明度来制作图案的效果，使整个设计更加轻盈和时尚。这种搭配方法能够增加设计的现代感和时尚感，使设计更加符合当下的审美趋势。例如，可以使用镂空的圆形或者方形来制作图标，使设计更加时尚、现代。

例如 Facebook（图 2-22）的 UI 设计。Facebook 的主要设计元素是其标志性的蓝色和白色的镂空图案。在这个设计中，Facebook 使用了一种简单的几何图形——正方形——作为其主要的设计元素。正方形被分成两个部分，一部分是蓝色的实体部分，另一部分是白色的空白部分。这种设计方式使 Facebook 的标志更加简单和明确，同时使其品牌形象更加清晰和易于识别。

图 2-22　Facebook

Facebook 的 UI 设计还使用了镂空图案配色来强调不同的功能和交互元素。例如，Facebook 的菜单栏中使用了一个包含三个平行线的图标，这个图标使用了白色的空白部分和蓝色的实体部分来形成镂空图案配色。这种设计方式使这个图标更加明显和易于识别。

第三节　UI 设计的文字和排版

在 UI 设计中，文字和排版是关键元素，直接影响用户体验和产品整体感受。良好的文字和排版不仅提高可读性，还帮助用户更好地理解和使用产品。以下是 UI 设计中文字和排版的详细介绍。

文字应易于阅读和理解，使用易辨识且可读性强的字体至关重要。大多数 UI 设计师选择 Sans Serif 字体，如 Helvetica（图 2-23）、Arial（图 2-24）、Verdana（图 2-25），这是因为这种字体无额外装饰，易于阅读，尤其在小字体和低分辨率下清晰可见。此外，设计师需确定字体的大小、颜色和粗细，从而提升用户理解，并使 UI 设计更美观整洁。

图 2-23　Helvetica

图 2-24　Arial

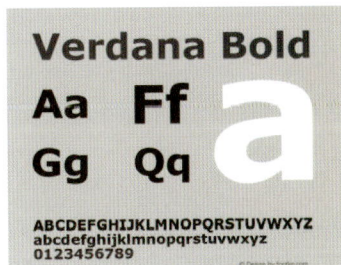

图 2-25　Verdana

排版对于页面的整洁性和直观性至关重要，设计师在排版时需细致考虑文本框的尺寸、间距和对齐方式。行高影响文本的阅读流畅性；对齐（如左对齐、居中对齐和右对齐）有助于提升页面的有序性，便于用户获取信息。文字大小需根据页面需求调整，以确保标题突出和细节信息清晰。字距应适中，以避免阅读障碍。文本颜色选择应恰当，以增强页面的清晰度并突出重要信息。

按钮设计需与页面风格和排版协调，形状可多样，但大小应与其他元素保持和谐，确保按钮既显眼又不破坏整体布局。按钮颜色通常采用品牌色、对比色或鲜艳色调,以强调按钮的功能性和引导用户操作。这些设计细节共同作用,以提升用户的浏览体验和操作便利性。

── 课后练习 ──

1. 描述 UI 设计的流程,并在实际项目中应用这些步骤。
2. 列出 UI 设计的构成要素,并说明每个构成要素在设计中的作用。
3. 选择一个应用程序,分析其文字和排版设计的优缺点。
4. 设计一个小型项目的 UI 设计流程图,展示从调研到设计的各个步骤。

UI

UI Sheji Lilun yu Shijian

第三章

UI 图标设计

知识目标：了解UI图标设计的概念、原则与规范，掌握创意设计的方法。

能力目标：能够设计符合规范的UI图标，运用创意设计提升UI图标的视觉吸引力。

素养目标：培养创新能力和对视觉美感的敏锐度，增强对图标在用户体验中作用的理解。

第一节　UI图标设计的概念

UI图标设计，即用户界面图形符号设计，旨在通过视觉元素简化信息与功能，提升用户体验。UI图标设计的核心在于将复杂信息转化为直观的视觉表示，以便于用户理解与操作。UI图标设计是用户体验设计的关键组成部分，它不仅要求图标美观，还需确保图标易于识别和操作，满足用户需求。这些图标广泛应用于移动应用、网站、桌面软件和电子设备等数字平台，既可独立使用，也可与其他UI元素结合。在设计过程中，设计师需关注颜色、形状、尺寸、比例、对比度、对齐、填充和线条等要素，这些因素共同决定了UI图标的最终效果。同时，设计师应遵循易理解、易操作、可复用和可扩展的设计原则，并确保UI图标与品牌标志和视觉风格保持一致性。

第二节　UI图标设计的原则与规范

UI图标设计遵循一系列原则，旨在创造既有效又易于识别的UI图标。这些原则包括简洁性、可识别性、一致性、可扩展性、易记性、清晰性、时尚性以及可读性，确保图标简单易懂且与功能紧密相关，同时在不同设备上保持清晰和一致性。此外，UI图标设计还需符合当前设计趋势，吸引用户注意，且在包含文字或数字时保持高度可读性。

UI图标设计的规范依据设计目的、风格和使用场景而定，包括明确设计目的、风格统一、符合用户习惯、保证可识别性和可读性、考虑尺寸和间距、考虑颜色和阴影搭配、保持清晰简洁，以及确保可扩展性。这些规范指导设计师创作出既满足功能需求又提升用户体验的UI图标，从而在不同应用场景中实现最佳效果。综合这些原则和规范，设计师能够提升UI图标设计的质量和用户体验。

第三节　UI 图标创意设计

一、UI 图标的风格及定位

在 UI 设计领域,图标的风格和定位是设计师必须细致考虑的核心要素。图标风格通常分为扁平化风格、立体化风格、手绘化风格和简约风格,每种风格根据各自的特点适用于不同的设计场景。扁平化风格因具有简洁性和易识别性而广受欢迎,特别适用于清新、现代的应用;立体化风格通过阴影和高光效果,为 UI 图标增添了视觉冲击力,适用于需要突出显示的场合;手绘化风格具有个性和温馨感,适用于需要营造特定氛围的设计。在 UI 图标的定位上,设计师需根据目标用户群体和产品定位来选择风格,确保 UI 图标在不同使用环境下均能保持清晰和易于识别,从而提升整体的用户体验。

1. 扁平化风格

扁平化风格在 UI 图标设计中因清晰和直观而流行。这种风格通过简化形状和轮廓,减少细节,强调 UI 图标的易识别性和功能性。Microsoft 365(图 3-1)的 UI 图标设计便是扁平化风格的典型案例,它采用简单的几何形状和鲜明的色彩,提高了 UI 图标的易识别性。

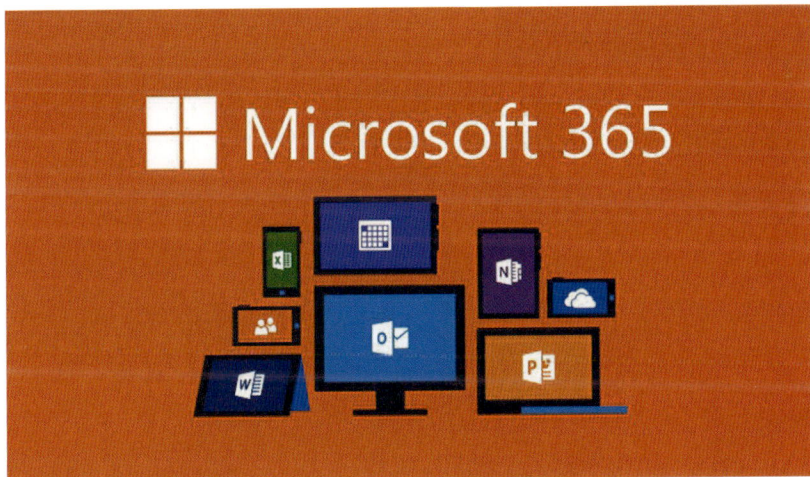

图 3-1　Microsoft 365

例如, Word 图标(图 3-2)呈圆角方形,上面有一个大写的 "W";Excel 图标(图 3-3)呈矩形,上面有一个绿色的 "X"。

这些图标的设计遵循了扁平化设计的原则,如去除了浅色和阴影等效果,让设计更加干净和简洁。同时,这些图标使用了统一的颜色和形状,使 Microsoft 365 套件看起来更加协调和一致。

19

图 3-2　Word 图标

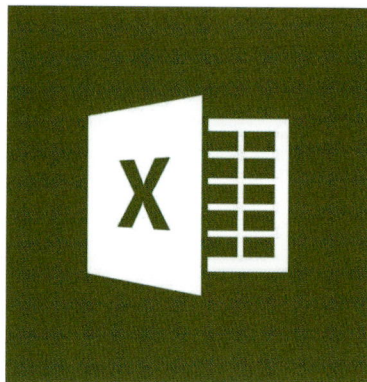

图 3-3　Excel 图标

2. 立体化风格

立体化风格的 UI 图标设计通过高光和阴影效果,赋予 UI 图标立体感和深度,增强了 UI 图标的真实感和视觉吸引力。这种风格在游戏、科技和工业设计中尤为常见,能够提升用户对 UI 图标功能和意义的理解。例如,微软公司 Windows 系统(3-4)的 UI 图标设计便是立体化风格的代表,通过明暗阴影和反射效果的应用,如"我的电脑"图标(图 3-5),呈现出逼真的立体感,增强视觉识别度。

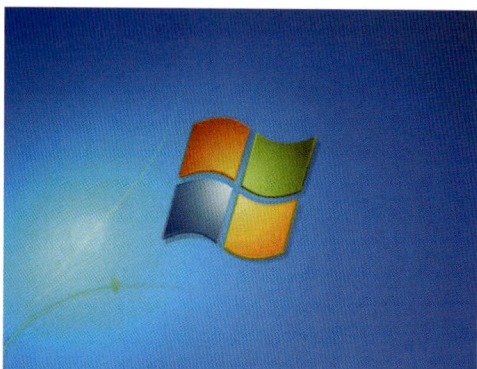

图 3-4　Windows 系统

图 3-5　Windows 系统"我的电脑"图标

苹果公司 iOS 操作系统的图标设计(图 3-6)同样采用了立体化风格,通过光影效果增强图标的立体感。

3. 手绘化风格

手绘化风格 UI 图标具有温馨、亲切的特性,因此手绘化风格 UI 图标设计成为近年来设计领域的热门趋势,特别适用于轻松、休闲、互动性强的应用程序和网站。该风格的 UI 图标以简洁抽象的线条和形状表现内容,色彩明亮且饱和,营造出活泼的氛围。以下是一些手绘化风格的 UI 图标设计案例。

(1) Evernote 是一款知名的笔记应用,它的 UI 图标(图 3-7)采用了手绘化风格。UI 图标上的大象形状简单明了,同时增加了一些手绘笔触和纹理,让人感觉非常有趣、有趣。

(2)Bon App UI 图标集中,设计师使用了明亮的颜色和可爱的手绘化风格,让 UI 图标(图 3-8)看起来充满活力和趣味性。设计师还采用了扁平化风格,使 UI 图标看起来更加现代和时尚。

图 3-6　iOS 操作系统"照片"图标

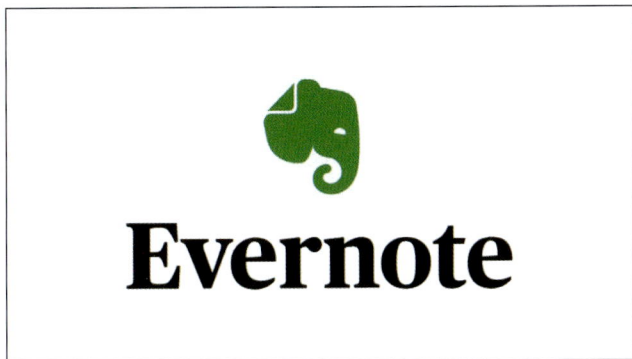

图 3-7　Evernote 的 UI 图标

图 3-8　Bon App 的 UI 图标

在这个 UI 图标集(图 3-9)中,每个 UI 图标都有一个独特的主题,并使用了不同的颜色和形状,使得 UI 图标在整个集合中可以很好地区分开来。例如,"Dining" 图标用明亮的黄色和餐具形状来突出显示,而 "Health" 图标则使用红色的背景和爱心形状来展现。

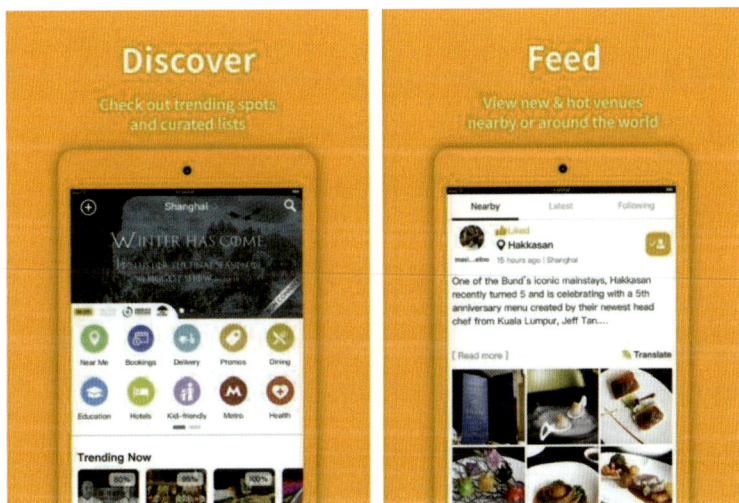

图 3-9　Bon App UI 图标集

设计师注重 UI 图标的细节处理和线条流畅性,可赋予 UI 图标手绘铅笔画般的质感,增强图标的真实感。例如,在 Bon App 美食社交应用中,UI 图标设计的手绘化风格与应用的温馨、有趣味和有活力形象相得益彰,体现了设计的一致性和个性化。这种风格不仅提升了用户体验,也使产品在竞争激烈的市场中脱颖而出。因此,对于追求轻松、休闲、互动体验的产品,手绘化风格 UI 图标设计是一个理想的选择。

4. 简约风格

简约风格的 UI 图标设计通常更加简单和清晰,减少了过多的细节。简约风格的图标通常是经典、优雅和现代化的,可以让用户更加专注于图标所代表的功能和意义。一个实际案例是谷歌的 UI 图标设计(图 3-10),谷歌一直以简约风格著称,它的 UI 图标设计也是如此。谷歌的 UI 图标设计以扁平化风格为主,没有太多的浮华,而是注重 UI 图标的基本形状和颜色。

例如,谷歌搜索的 UI 图标设计采用了一个简单的放大镜图标,其中的形状和线条都非常简洁,仅使用了蓝色和白色两种颜色。谷歌的Gmail应用程序(图3-11)的 UI 图标采用了红色和白色的配色,使用了简单的信封形状。

谷歌的 UI 图标设计非常符合简约风格的特点,注重基本形状和颜色的简洁性,同时注重一致性和可识别性,为用户提供了简洁而易于识别的体验感。

图 3-10　谷歌的 UI 图标设计

图 3-11　Gmail 应用程序

二、UI 图标设计元素

　　UI 图标设计核心元素包括配色与图形。配色关乎图标色彩,影响情感与信息传递;图形则涉及形状与图案,同样影响信息表达。色彩在 UI 图标设计中占据重要地位,不同颜色引发不同的情感反应与联想。设计师应根据图标信息与情感定位,精心挑选配色方案,以有效传递信息并吸引用户。图形设计通过形状与图案传递信息,设计师需考虑图形的象征意义,如圆形象征完整,正方形象征稳定,三角形象征动态。总之,设计师应综合考虑 UI 图标的配色与图形,以确保 UI 图标设计能有效传达预期信息并吸引用户注意。

—— 课后思考 ——

　　1. 解释 UI 图标设计的概念,并设计一个简单的 UI 图标。

　　2. 列出 UI 图标设计的原则与规范,并分析一个不符合规范的 UI 图标。

　　3. 创作一个具有创意的 UI 图标,并说明设计思路。

　　4. 选择一个应用程序,分析其 UI 图标设计的优缺点。

UII

UI Sheji Lilun yu Shijian

第四章

网页 UI 界面设计

知识目标:掌握网页 UI 界面设计的基础、要点、布局样式和技巧。

能力目标:能够设计出对用户友好的网页 UI 界面,运用布局和设计技巧提升用户体验。

素养目标:培养用户体验导向的设计思维,增强对网页 UI 界面设计趋势和用户需求的敏感性。

第一节　网页 UI 界面设计基础

网页 UI 界面设计是指在网页上设计用户界面,让用户能够更好地使用网站。网页 UI 界面设计的基础包括以下几个方面。

一、色彩选择

网页 UI 界面设计的色彩选择非常重要,颜色可以引导用户的情感,影响用户体验。经典的色彩对比手法有 3 种,即纯度对比、色相对比、明暗对比。界面设计师如果掌握了这 3 种常用的色彩对比手法,就可以在界面设计中灵活自如地创造出不错的色彩对比效果。

1. 纯度对比

纯度对比如图 4-1 所示。我们可以看到此图片中进度条部分,采用了低纯度的灰色和高纯度的蓝色与绿色制造色彩对比效果,形成层次反差,使画面非常有活力。

图 4-1　纯度对比

2. 明暗对比

图 4-2 所示的图片主背景颜色左侧为白色,右侧则调整成了黑色,通过色彩明度的对比可以表现出整个界面的层次感,使得界面整体呈现出简约和高品质的风格。现在很多产品都已经适配了暗黑模式,可以为用户提供明亮模式和暗黑模式两种用户体验。

3. 色相对比

色相对比如图 4-3 所示。从整体界面的主色调不难看出,是以绿色为基本色进行大面积运用,橙色的运用非常鲜明,形成强烈的对比,让用户非常清晰地知道此为强引导入口。

图 4-2　明暗对比

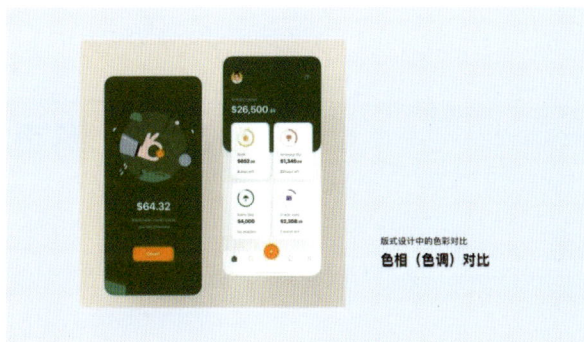

图 4-3　色相对比

二、布局设计

网页 UI 界面设计的布局设计决定了网站的整体风格和排版方式。设计师需要了解网页布局的基本原则,如对齐、对比、平衡和重复等,以便能够根据设计要求和用户需求设计出合适的网页布局。

三、字体设计

网页 UI 界面设计的字体设计也非常重要,字体可以反映网站的风格和特点,同时能够影响用户的阅读体验。很多国产安卓手机都有自己的系统字体,设计师需实际调研真机效果。苹果手机和安卓手机常用字体如图 4-4 所示。

图 4-4　苹果手机和安卓手机常用字体

四、图片和图标设计

网页 UI 界面设计中常常需要用到图片和图标,它们可以让网站更加生动、直观和易于理解。设计师需要了解图片和图标的设计原则和技巧,如颜色搭配、线条处理和比例关系等,以便能够根据网站的特点和用户需求设计出合适的图片和图标。

五、用户体验设计

网页 UI 界面设计的最终目的是提高用户体验,设计师需要了解用户体验设计的基本原则和方法,如用户研究、原型设计和测试评估等，以便能够根据用户需求和网站特点进行用户体验设计，提高网站的用户满意度和用户黏性。

第二节　网页 UI 界面设计要点

网页 UI 界面设计的精髓在于优化用户体验，这要求设计师从用户视角出发，综合考虑信息架构、交互方式和视觉设计，以确保用户能够愉悦且高效地实现目标。网页结构的合理性直接影响用户体验，设计师应精心布局、分栏和留白，确保网页的清晰度和易理解性。色彩在传递信息和影响用户情感方面扮演着关键角色，因此颜色的选择和搭配需要细致考量。字体影响阅读体验和视觉美感，设计师应选择合适的字体样式和大小，以提升文本的可读性和协调性。

作为传达信息和吸引注意的重要元素，图像的选择及其尺寸和质量都应与网页内容相得益彰，同时不妨碍加载速度。交互是提升用户参与度的关键，设计师需关注交互方式、反馈和导航设计，使用户操作便捷，增强体验。响应式设计可确保网页在不同设备和屏幕尺寸上均能提供优良体验，这要求设计师考虑跨设备的适配性。

最后，可访问性旨在保证所有用户，包括残障人士和老年人，都能无障碍地访问网页，这是设计中不可忽视的要点。

一、网页 UI 界面的组成

网页 UI 界面设计是一个多维度的创作过程，涉及布局、色彩、图像、文字、图标和动画等多个方面。布局是设计的基础，关乎元素的排列和空间利用，对网页的美观性和用户便捷性起着决定性作用。色彩不仅影响视觉感受，而且能传达特定的情感和风格，还起到突出重点和引导视觉的作用。作为视觉元素，图像能够吸引注意力并传递信息。文字是信息传递的核心，设计师需确保文字的易读性和视觉吸引力。图标以直观的方式展现功能和状态，提升界面的直观性和易用性。动画增加了界面的动态效果，提高了互动性和趣味性，同时辅助信息传递。整体而言，网页 UI 界面的各个组成部分相互关联，设计师需综合考量，以创造出既美观又实用的用户界面。

二、网页 UI 界面的设计流程

网页 UI 界面设计是一个非常复杂的过程，需要经过多个阶段的设计与反复修改。以下是一个较为典型的设计流程。

1. 确定设计风格

在研究了目标用户后，需要确定设计风格。确定网页 UI 界面的设计风格涉及颜色、字体、图标、排版等多个方面，需要选择适合目标用户的设计风格。

2. 绘制草图

在确定了设计风格后,需要绘制草图(图 4-5)。草图不需要太过精细,但需要包括网页的布局、内容区域、导航栏、搜索框等基本元素。

图 4-5　草图

3. 设计页面布局

在草图的基础上,开始设计页面布局(图 4-6)。在设计页面布局时,需要考虑网页的结构、信息架构、页面元素等。

图 4-6　设计页面布局

4. 设计页面元素

完成页面布局设计后,需要设计各种页面元素,包括图标、按钮、表单、导航栏、搜索框等。在这一环节,设计师需要保持风格统一(图 4-7)、界面简洁美观、易于使用。

5. 进行交互设计

完成页面元素设计后,需要进行交互设计。交互设计涉及用户在网页中的各种操作、反馈等。

图 4-7　风格统一

6. 进行视觉设计

在完成交互设计后,需要进行视觉设计,将各种元素进行精细化处理,包括颜色、字体、图标、排版等。

7. 进行测试和修改

完成视觉设计后,需要进行测试和修改。测试包括功能测试、用户测试等,通过测试可以发现问题并进行修改。

8. 最终确认

在完成测试和修改后,需要进行最终确认,确认无误后可以将网页 UI 界面设计交付给开发人员进行开发。

整个设计流程需要设计师经过多次修改和完善,以获得满意的效果。

第三节　网页 UI 界面的布局样式

网页 UI 界面的布局样式是网页 UI 界面设计中的关键环节,涉及如何将网页上的各个组件和元素进行有效排列。设计师需综合考虑网页的功能需求和目标用户群体,以选择最合适的布局方案。在众多布局样式中,响应式布局、定位布局、网格布局、分栏布局以及流式布局等是常见的几种。

一、响应式布局

响应式布局(图 4-8)是 Ethan Marcotte 在 2010 年提出的概念,它的核心在于网站能够自适应不同设备的屏幕尺寸和分辨率,无须为每个设备定制特定版本。例如,Popular Science 网站(图 4-9)无论在何种设备上都能提供卓越的用户体验。

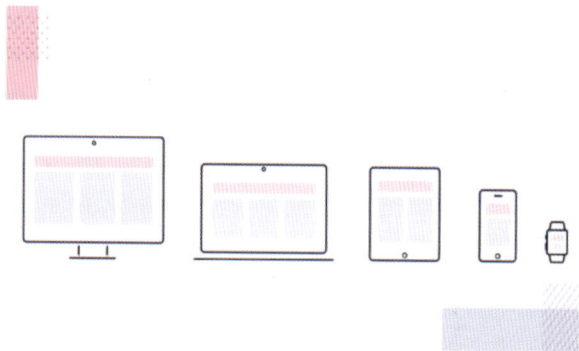

图 4-8　响应式布局

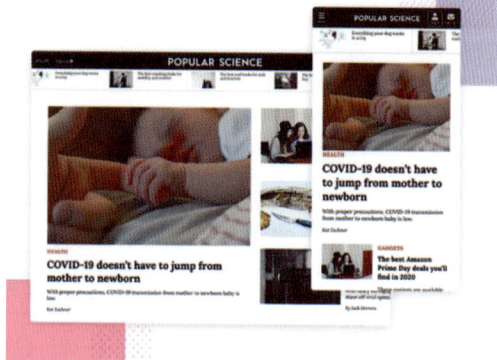

图 4-9　Popular Science

二、定位布局

定位布局通过 CSS 定位属性来实现，这些属性包括相对定位、绝对定位和固定定位。相对定位允许元素在保持原有位置的同时进行微调；绝对定位使元素脱离文档流，实现精确的位置控制；固定定位使元素相对于浏览器窗口固定，适用于制作导航栏和侧边栏等组件。

三、网格布局

将网页划分为网格并在网格中放置元素，称为网格布局。Bootstrap（图 4-10）是一个流行的前端框架，它的网格系统基于 12 列，能够方便地将内容分割并在不同设备上自适应布局。

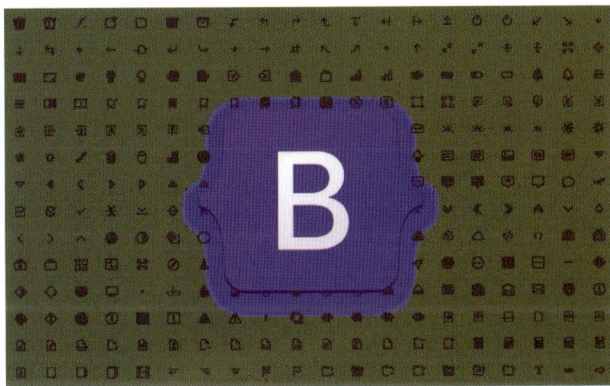

图 4-10　Bootstrap

四、分栏布局

分栏布局是将网页划分为多个栏目，每个栏目可以放置不同的内容。常见的分栏布局有两栏布局和三栏布局。

五、流式布局

流式布局也称为百分比布局（图 4-11），通过将不同高度的元素组合在一起，形成一种流动的视觉效果。这种布局方式在移动端开发中尤为常见，能够确保元素的宽度根据屏幕分辨率自动调整，以适应不同的显示需求。瀑布流布局作为流式布局的一种，以独特的视觉效果和动态加载数据块的特性，逐渐成为流行趋势。Pinterest（图 4-12）是最早采用这种布局方式的网站之一。这种布局方式在国内也逐渐流行。

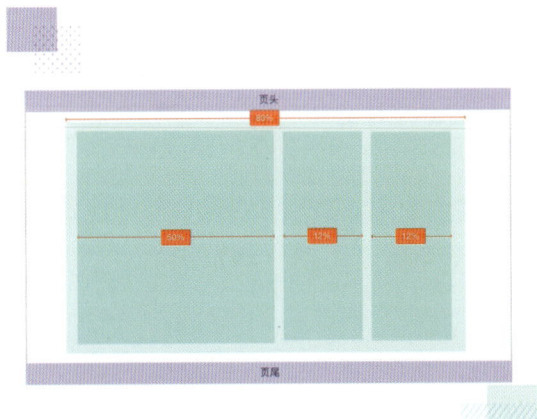

图 4-11　百分比布局

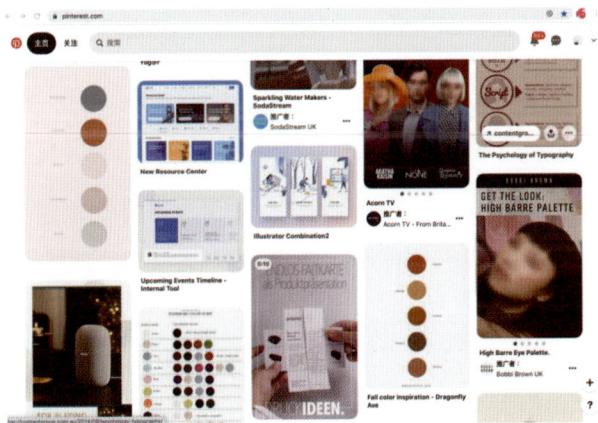

图 4-12　Pinterest

通过对布局样式的合理运用,设计师可以创造出既符合功能需求又满足用户审美的网页 UI 界面,提升整体的用户体验。

第四节　网页 UI 界面的设计技巧

网页 UI 界面设计技巧是指在进行网页 UI 界面设计时,设计师采用的一些实用的方法,以达到美观、实用、易用等设计目标。下面是一些常用的网页 UI 界面设计技巧。

一、有意义的颜色搭配

颜色是网页 UI 界面设计中非常重要的一个方面。设计师需要选择一些颜色,以便它们能够与品牌、产品或服务的风格相匹配,并能够传达正确的情感和信息。图 4-13 所示的颜色含义可以在进行颜色搭配时作为快速参考。设计中的色彩心理学不是一门精准的科学,并且研究表明,色彩心理受个人认知影响。社会因素(如社会性别)也对颜色如何被感知有影响(图 4-14)。

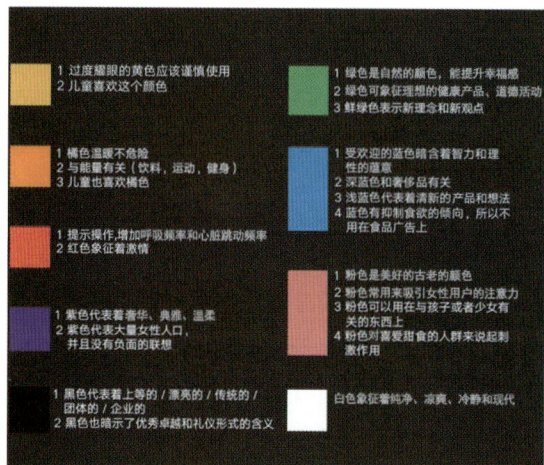

图 4-13　颜色含义

图 4-14　社会性别对颜色如何被感知有影响

二、清晰的网页结构

网页结构对于用户体验至关重要。设计师需要采用清晰的网页结构,使得用户可以很容易地找到他们需要的信息。例如,在苹果手机自带日历中,当前日期的红色选中态以绝对的焦点式设计(图 4-15)呈现给用户。

三、平衡和谐的排版

排版是网页 UI 界面设计中的关键要素之一,影响到网页的视觉效果和用户体验。设计师需要通过平衡和谐的排版来使网页看起来整齐、有序。平衡的版式设计(图 4-16)可以让画面稳定,不会产生上下比重失衡的现象;

而不平衡的版式设计会使用户产生不稳定感,从而分散用户的注意力。

图 4-15　焦点式设计

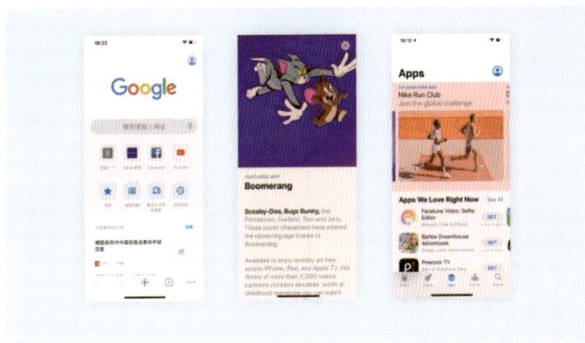

图 4-16　平衡的版式设计

四、使用高质量的图像

图像是网页 UI 界面设计中不可或缺的元素。设计师需要选择高质量的图像,以确保网页具有视觉吸引力和专业性。

五、采用现代化设计元素

现代化的设计元素可以使网页看起来更加时尚和现代化。设计师可以使用一些新型的元素,如动态效果等来使页面更具有吸引力。

一种高级感版式设计如图 4-17 所示。它利用大留白与大卡片的版式设计方式,让整个产品的气质凸显了出来,使得产品别具一格。图 4-17 所示的 3 个产品,利用卡片进行模块化设计,在内容上凸显少量文字,运用色彩重量对比和修饰性的语句,再配以高品质的图片,使得整个界面非常具有高级感。

图 4-17　高级感版式设计

六、简化页面设计

简化页面设计是现代网页设计的趋势之一。设计是为用户创造出好的使用体验,让用户能够很容易地找到他们需要的信息,以及完成他们需要完成的操作。

以上是几种常见的网页 UI 界面设计技巧,设计师可以根据自己的需要等灵活运用这些设计技巧,从而创造出符合用户需求和设计要求的网页。

第五节　网页 UI 界面设计

网页 UI 界面设计具体指的是将网页内容、结构和功能以及用户界面元素（如按钮、文本框、菜单等）进行整合和设计，从而提供对用户友好的使用体验和视觉效果。网页 UI 界面设计对于网站的成功非常重要，因为网页 UI 界面是用户和网站之间的桥梁，是用户了解和使用网站的主要工具。一个好的网页 UI 界面设计能够提升用户体验和品牌形象，促进网站流量和转化率的提高。因此，网页 UI 界面设计在网站开发过程中占有非常重要的地位。

网页 UI 界面风格确定与配色设计是网页 UI 界面设计中至关重要的一环。网页 UI 界面设计需要考虑到用户的体验，色彩在这其中扮演着重要的角色。正确的配色可以提升用户对网站的兴趣和认可度。

网页 UI 界面风格具体是指在网页 UI 界面设计所呈现出的系统性视觉特征，是网页 UI 界面设计中重要的元素之一。常见的网页 UI 界面风格包括扁平化设计风格、材料设计风格、骨架屏设计风格、卡片式设计风格等。

一、扁平化设计风格

扁平化设计风格是指通过去除不必要的装饰和华丽的效果，以简化、明亮的颜色为主，使网页看起来更加简洁、干净的设计风格。

二、材料设计风格

材料设计风格是由 Google 在 2014 年提出的一种网页 UI 界面设计风格。材料设计的目标是打造出更加逼真的 UI 体验，让用户感觉到网页设计物理存在的质感，如网页 UI 界面的材料设计在《我的世界》游戏中的运用（图 4–18）。

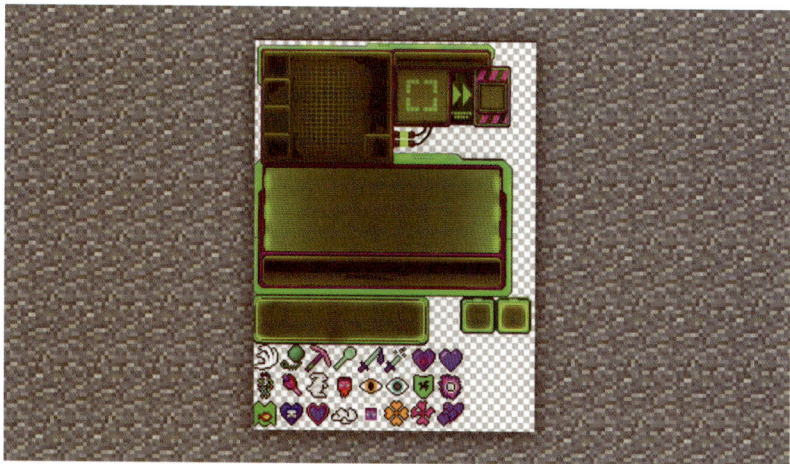

图 4–18　网页 UI 界面的材料设计在《我的世界》游戏内的运用

三、骨架屏设计风格

骨架屏设计(图4-19)是一种用于增强用户体验的技术,旨在通过加载骨架界面来缩短页面加载时间。

图4-19　骨架屏设计

四、卡片式设计风格

卡片式设计(图4-20)是一种将内容和功能分离,以卡片为基本元素进行设计的方法。卡片式设计是现代网页 UI 界面设计中较常见,具有灵活性、易于阅读和理解的特点,被广泛应用于各种类型的网页中。

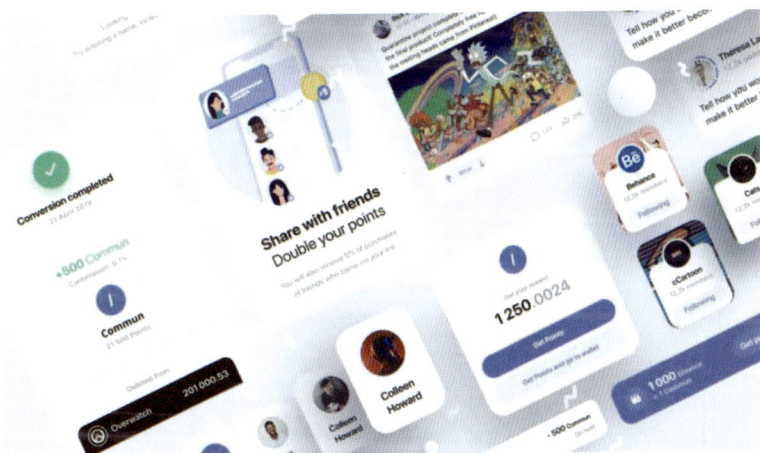

图4-20　卡片式设计

(一)卡片的概念及其分类

卡片是移动端产品常见的设计形式,承载着图片、文字、按钮等内容。根据展现形式,卡片基本可以分为3大类:边距卡片、悬浮卡片、通栏卡片。

1.边距卡片

边距卡片通常采用带圆角的形式,利用阴影以及四周的边距形成页面留白,提升整体设计层次感,并通过投影、前后颜色的设定,让内容与背景之间产生视觉空间感。边距卡片在页面设计中应用广泛。

2.悬浮卡片

悬浮卡片(图4-21)主要用于功能集合或者页面内容扩展场景,目的是提升页面的操作效率。

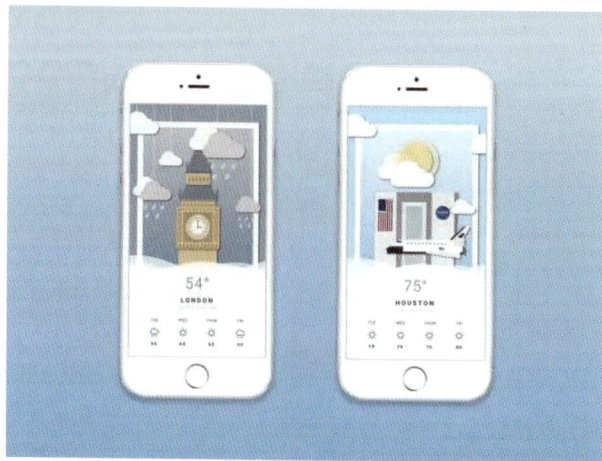

图 4-21　悬浮卡片

3. 通栏卡片

与边距卡片相比，通栏卡片没有左右两端留白，只保留上下边距，展示图片、文字的空间更大。通栏卡片与背景的关系用一条背景色块抽象表现，通常不会增加阴影、边框线等样式。

卡片式设计是一种模块化的页面布局方式，通常采用矩形或正方形的卡片元素，用于展示页面上的各种内容，如新闻、商品、图片等。关于卡片式设计的基础规则，相信大家多多少少都有所了解，不同平台的规范不会有本质上的区别，更多的差异主要体现在处理技巧和方式上。

（二）卡片式设计的内容

1. 圆角的规则

圆角的设定（图 4-22）实际上不涉及原则性问题，只要符合整体的风格调性即可。当然，不同的圆角表达出不同的质感，如大圆角表达柔和、小圆角表达硬朗。设计师一般以卡片的圆角作为基础的参考值往内推算整体的圆角使用规范，从而使卡片与卡片内的元素形成合理的比例关系（图 4-23）。

小圆角：硬朗　　中圆角：中性　　大圆角：柔和

图 4-22　圆角的设定

图 4-23　合理的比例关系

2. 投影深度

投影的视觉效果（图 4-24）会直接影响整体卡片的质感，太深、太大的投影会使整体卡片显得过于厚重，太浅、太小的投影则会使整体卡片显得过度生硬，而合理的数值比例则可以让整体卡片看起来自然且有质感。这里分享两组数值规律：1∶2 和 1∶3。例如，Y 轴偏移 10 px，而模糊度则设定为 20 px 或 30 px，这样成比例设置数值使得整体卡片显得较为自然。

图 4-24   投影的视觉效果

3. 边距设定

在设定卡片的边距时可以适当应用删格系统(图 4-25)。利用删格系统可以解决一些基础的版式问题,有助于提升设计的规范性,让设计更加有迹可循。使边距与内容形成固定的关系,可以使整体的卡片式设计更加具有细节感和规则性。

4. 标题文字的大小和重量

标题(图 4-26)主要用于简短地说明每个模块的内容,并且在长页面浏览中起到引导和定位的作用。当标题字体较小时,用户会倾向于"细读";而当标题字体较大时,用户更倾向于"跳读"。如果标题字体粗细使用错误,则会影响可用性和美观性。标题字号大小与正文字号大小的差异建议在 6～10 px 范围内,这样可以更好地拉开差异,让标题更具有标题感。

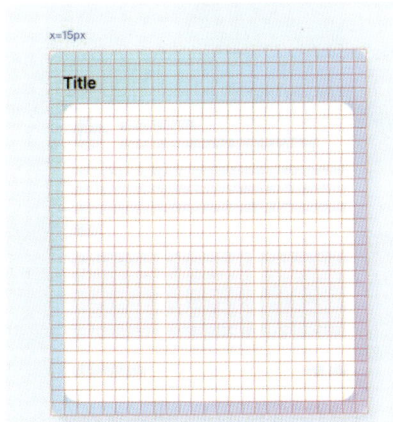

图 4-25   栅格系统

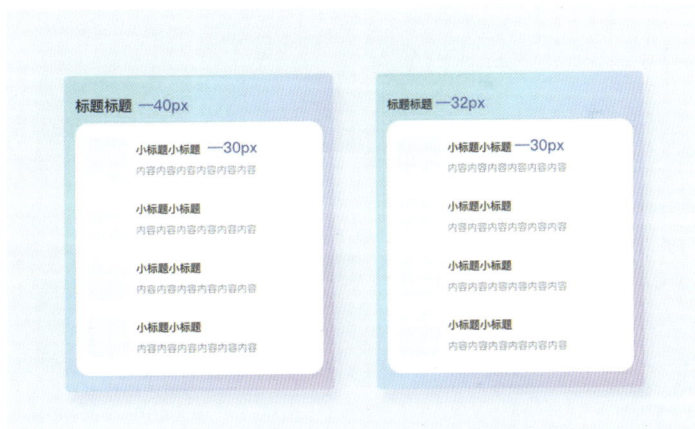

图 4-26   标题文字的大小和重量

(三)卡片式设计的特征

1. 反应迅速

为了满足各种屏幕尺寸的需求,卡片式设计可以帮助用户非常方便地专注于特定内容,还允许我们在设计过程中合理、简洁地布置内容。

2. 井然有序

混乱的网站往往令人眼花缭乱。当我们在页面上组织各种元素时,通过卡片式设计可以为这些内容的布局提供合理的顺序(图 4-27)。

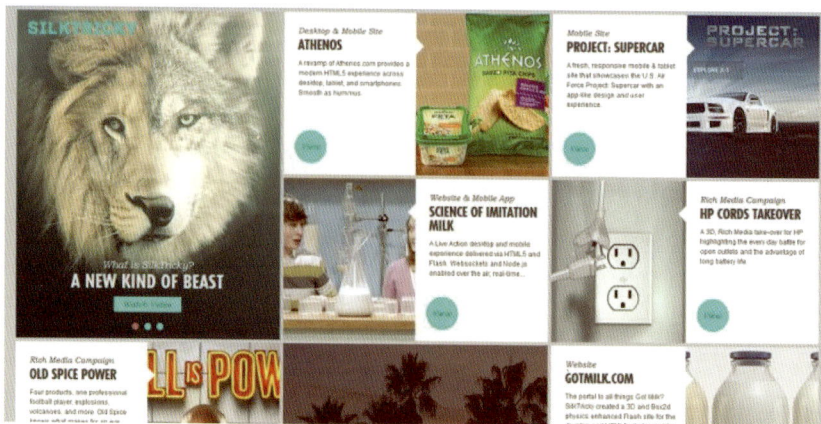

图 4-27　合理的顺序

3. 易读性

卡片式设计的一个非常重要的特征是它们所包含的信息非常简洁,这使它们变得有趣且引入入胜,但同时使网站的内容相对简单,能够一目了然。

4. 受社交媒体平台青睐

社交媒体网站网页 UI 界面设计旨在设计出清晰、易读且快速显示的网页 UI 界面,而卡片式设计因易于实现上述目标而受到社交媒体平台的青睐。卡片式设计较具典型性的例子是 Pinterest 网页 UI 界面设计(图 4-28)。

图 4-28　Pinterest 网页 UI 界面设计

5. 平等

卡片式设计还具有平等的特征。当然,这里的平等不是绝对的。在卡片式设计中,平等是指每张卡片在整个网页中的重要性几乎是相同的。这省去了所有人对内容进行排名的麻烦。

6. 多功能性

卡片式设计可用于任何行业的几乎任何场合,并且创作灵活性非常好。可以说,此时设计风格还没有定论,这给了设计师很大的创作空间。

(四)卡片式设计注意事项

卡片式设计在提升用户界面体验的同时,也需注意避免一些常见问题。首先,设计师应避免在卡片上叠加过过多层级,以免造成内容展示的碎片化和增加用户浏览负担。对于需要多层级表现的内容,可以通过分割线和浅色背景来区分层级(图 4-29)。其次,卡片式设计可能导致页面纵向空间的浪费,因此对于内容结构相似的模块,设计师应谨慎选用卡片的形式。卡片式设计强调信息的简洁性,每张卡片应专注于单一信息或内容,以便于用户选择性阅读或分享。最后,设计师在进行卡片式设计时应合理分区,避免卡片间的过度拥挤,确保内容有足够的展示宽度,维持界面清晰和有序。

图 4-29　区分内容层级

五、网页 UI 界面风格的实践技巧

网页 UI 界面风格是指网页 UI 界面设计中使用的视觉风格,包括颜色、字体、图标、按钮等元素的设计风格。它可以是简洁的,也可以是艺术性的。在实践中,网页 UI 界面风格的选择需要考虑品牌形象、目标用户群体、应用场景等多个因素。下面是几个网页 UI 界面风格的实践技巧。

1. 根据品牌形象设计风格

网页 UI界面风格应该与品牌形象相一致,这样可以让用户更好地认知品牌形象,并提高品牌形象的认知度。

2. 考虑用户习惯

网页 UI 界面风格应该符合用户的习惯。例如,如果应用面向老年人群体,那么网页 UI 界面应该比较简单易用,字体应该大一些,颜色应不过于刺眼,这样可以更好地提高老年人群体的用户体验。图 4-30 和图 4-31 所示的 2 个案例就很好地表达出了产品的调性,明确地告诉用户这是什么产品并为什么样的人群服务。

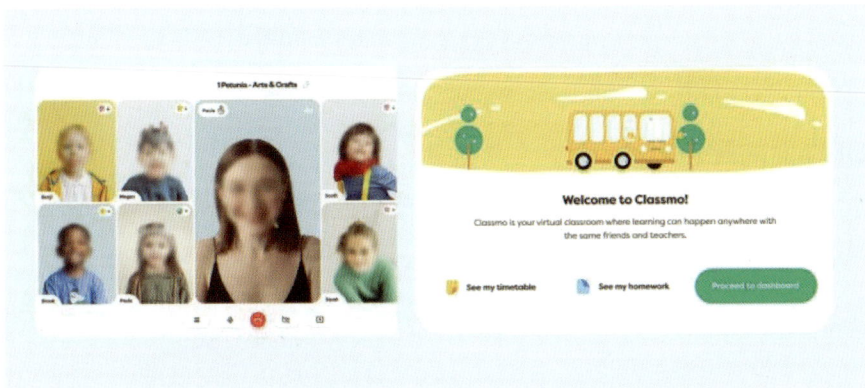

图 4-30　年龄较小人群的产品网页 UI 界面设计风格

面对职业商务人群的产品界面设计风格

图 4-31　职业商务人群的产品网页 UI 界面设计风格

3. 根据应用场景设计风格

不同的应用场景需要呈现不同的网页 UI 界面风格。例如,如果应用是一款游戏,那么设计师可以使用比较浓烈的色彩和具有艺术感的图形设计来增强游戏氛围,如《仙剑奇侠传幻璃镜》图鉴界面(图 4-32)。

图 4-32　《仙剑奇侠传幻璃镜》图鉴界面

4. 统一 UI 元素设计

不同的 UI 元素设计应该保持一致性,如按钮的设计、字体的选择等应该在整个网页 UI 界面中保持一致,这样可以提高网页 UI 界面的易用性和用户体验。

5. 注意网页 UI 界面的配色

网页 UI 界面的配色应合理。不同的颜色可以传递不同的情感和信息。例如,红色可以传递紧急、危险等信息,绿色可以传递安全、和平等信息。

6. 使用可读性好的字体

网页 UI 界面中的文字应该是清晰易读的,字体大小和字体颜色应该搭配合理,切忌使用过于花哨的字体,这样会影响用户的阅读体验。

7. 不要过度设计

网页 UI 界面的设计应该是简单的,切忌过度设计,这样会影响用户的使用体验。设计师应避免把所有的想法都用在网页 UI 界面上,而应该根据应用场景和目标用户的需要进行设计。

六、网页 UI 界面配色设计的概念

网页 UI 界面配色是设计中的核心,影响界面的美观性和易读性,涉及单色、双色和多色方案。设计师需考虑品牌色、情感联想、文化差异和色彩心理学,以确保配色方案与品牌形象和用户体验相协调。例如,健康饮食应用宜以绿色为主色调,搭配橙色或黄色,传递出活力和健康。图标设计应简洁且与应用风格一致,如健康饮食应用可使用草莓、鱼和餐具图标。文字设计需注重易读性,通过合适的字体及其大小和颜色对比,确保文字清晰可读。整体设计需确保颜色、图标和文字的和谐统一,以提升用户体验。

第六节 网页 UI 界面的布局设计

网页 UI 界面的布局设计是网页设计中非常重要的一部分,一个好的布局设计能够提高用户体验,提升网站的访问量。在进行网页 UI 界面布局设计时,需要考虑用户的使用习惯,使得界面设计更加直观、简洁、易用。

一、布局设计的目的

网页 UI 界面布局设计的主要目的是使得网页的内容更加清晰、明确、易于理解和使用。良好的布局设计可以帮助用户更加清晰地了解网站所提供的服务和信息,并使得用户能够更加方便、快速地浏览和获取信息。因此,布局设计在网页设计中扮演着至关重要的角色。

二、布局设计的要素

栏目设计是网页内容组织的过程,设计师应通过合理划分栏目提升视觉效果和用户体验。设计师在设计时需考虑整体布局、内容分类和目标受众,确保网页布局的清晰性和用户获取信息的便捷性。图片与文字的有效结合对增强网页的美观性和直观性至关重要,设计师在设计时要考虑它们之间的关系及视觉元素的尺寸、位置和色彩。在空间利用方面,要求设计师在页面设计中综合考虑整体结构、栏目尺寸和字体选择,巧妙安排各视觉元素,使页面紧凑、有序,便于阅读和理解。色彩搭配旨在通过颜色组合创造出视觉吸引力,设计师在这一过程中需考虑颜色的协调性、明暗和饱和度,以提升用户的视觉体验。这些设计要素共同作用,实现优质的网页 UI 界面设计。

三、布局设计的原则

良好的布局设计应使用户能够快速、方便地找到所需信息,因此设计师在设计时需综合考虑用户体验、页面结构、响应式设计、平衡性和一致性等。首先,布局应符合用户习惯,逻辑清晰,元素按重要性排列,并留有足够空

白以提升可读性。其次,页面结构需与网站目的相匹配,合理划分页眉、页脚、侧栏和内容区域,以便于导航。再次,响应式设计旨在确保网页 UI 界面在不同设备上保持一致的视觉效果和功能。最后,布局需保持平衡性和一致性,确保每个元素有足够的空间,同时在颜色、字体和间距上保持统一,以提高可读性和可用性。另外,设计师还应考虑可扩展性,以便于未来修改和调整。

以社交媒体平台主页为例:顶部导航栏可采用水平布局,网站名称、搜索框和登录 / 注册按钮依次排列,以符合用户使用习惯;主要内容区域可采用垂直布局,依次展示用户动态、好友推荐和热门话题,方便用户浏览;右侧边栏同样采用垂直布局,排列好友列表、广告推荐等信息;底部导航栏则可采用水平布局,在侧放置版权信息,右侧放置其他相关信息。通过这样的布局设计,页面结构清晰,有助于提升用户体验。在具体实现过程中,设计师还需关注字体、颜色和图标等元素的设计,以及在不同屏幕尺寸上的展示效果。

四、控件和元素设计

控件和元素设计是网页 UI 界面设计的核心,它们不仅可增强界面的可用性,还可提升用户的理解度。图形元素,如图标、线条和背景,通过直观的视觉提示,使用户能迅速识别功能。文字元素通过字体、字号和颜色的选择,确保信息清晰传达并具有视觉吸引力。控件,如按钮和文本框,需保持一致性以提高用户识别效率。

例如,在设计购物 APP 的商品详情页时,设计师可采用图片轮播方式展示商品主图,通过文本控件显示名称和描述,利用按钮控件实现购买功能。同时,设计时,图形元素需与整体风格一致,文字元素要清晰易读,元素布局要平衡美观,同时符合用户习惯。整体而言,控件和元素设计需紧密结合用户体验和产品风格,通过精心设计和不断优化,获得较好的界面效果。

— 课后练习 —

1. 描述网页 UI 界面设计的基础知识,并设计一个简单的网页 UI 界面。
2. 列出网页 UI 界面设计的要点,并分析一个成功的网页 UI 界面设计案例。
3. 应用本章所学的设计技巧,设计一个网页的布局样式。
4. 选择一个网站,分析其 UI 界面的布局设计。

UI

UI Sheji Lilun yu Shijian

第五章

APP UI 界面设计

目标指引

知识目标:了解 APP UI 界面设计的基础、尺寸规范和布局样式。

能力目标:能够设计符合移动设备规范的 APP UI 界面,运用布局和设计技巧提升用户体验。

素养目标:加深对移动用户体验的理解,增强对移动设备 APP UI 界面设计趋势的敏感性。

第一节 APP UI 界面设计基础

一、APP UI 界面构成

APP 界面构成是指在 APP 中,不同的功能页面所包含的元素和布局方式。APP UI 界面构成的设计影响用户的体验和使用效率。

1. 导航栏

导航栏(图 5-1)通常位于 APP UI 界面的顶部,一般包括 logo、菜单和搜索、消息显示等功能。导航栏的设计应简洁明了、易于理解和使用。

图 5-1 导航栏

2. 标签栏

标签栏(图 5-2)是 APP UI 界面中切换不同功能页面的重要组成部分。它通常位于屏幕底部或顶部,可以使用图标或文本标签来表示不同的页面。

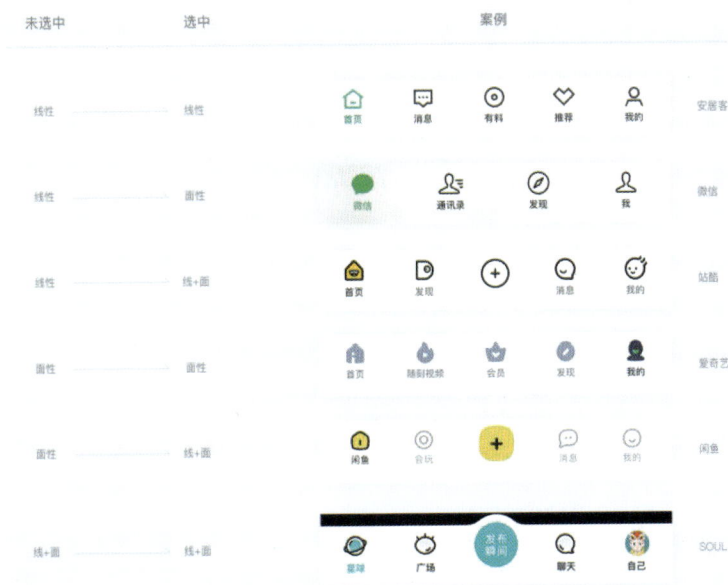

图 5-2　标签栏

3. 页面布局

APP UI 界面的页面布局(图 5-3)需要考虑到用户的使用习惯和信息架构。常见的布局方式包括列表、网格、瀑布流等。

图 5-3　APP UI 界面的页面布局

4. 卡片式设计

卡片式设计(图5-4)在APP UI 界面设计中广泛应用,通过卡片的形式将信息展示出来。卡片可以包含文本、图像、图标和按钮等元素,使信息更易于阅读和理解。

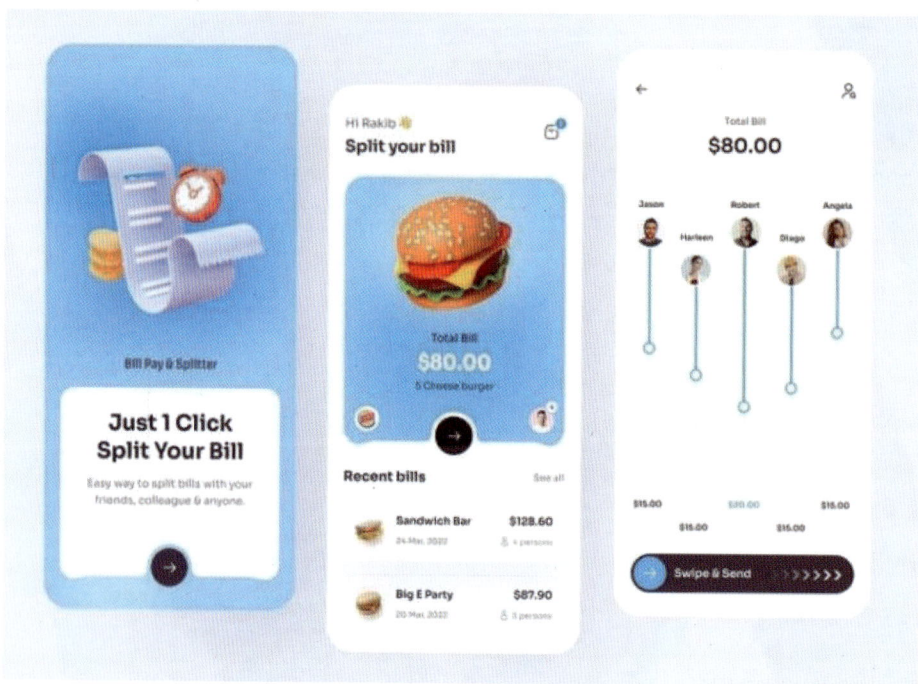

图 5-4　卡片式设计

5. 颜色和图标

颜色和图标对 APP UI 界面的设计起着至关重要的作用。合理的配色方案和图标设计可以提高 APP UI 界面的美观度和易用性。

6. 字体和排版

字体和排版是 APP UI 界面设计中不可忽略的因素。选择合适的字体和排版方案可以使 APP UI 界面更加易读、易懂和易用。

7. 动画和交互

动画和交互是提升 APP 用户体验的关键因素。合理的动画和交互设计可以提高用户的使用体验和满意度。

8. 响应式设计

随着移动设备的普及, APP UI 界面需要适应不同的屏幕尺寸和设备类型。因此,响应式设计已经成为 APP UI 界面设计的重要趋势之一。

总之, APP UI 界面构成的设计需要综合考虑用户的使用体验及界面美观度、可用性、响应性等因素。只有各个方面都得到合理的设计和实现,才能为用户带来良好的 APP 体验。

二、设计案例

Hotel Tonight(图 5-5)是一款酒店预订应用程序,用户可以在应用程序中查找并预订最优惠的当日酒店房间。该 APP 的主要 UI 界面构成如下。

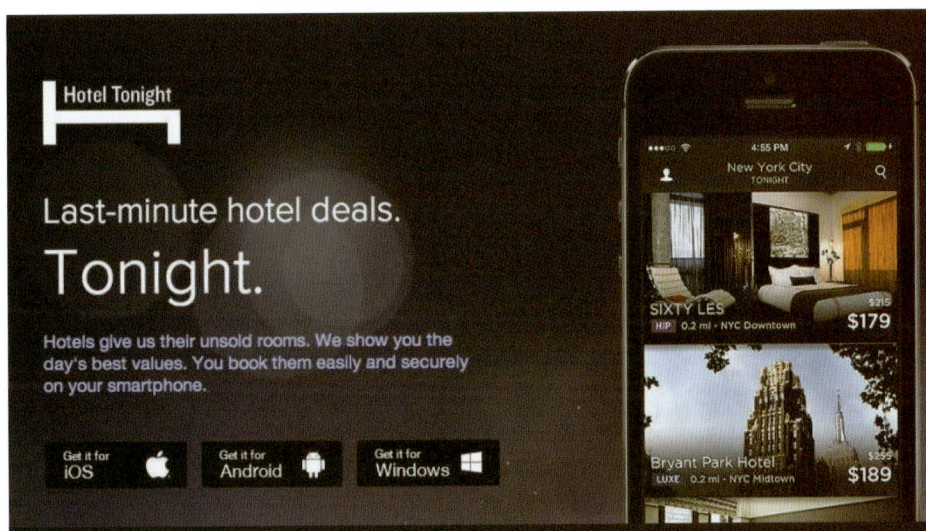

图 5-5　Hotel Tonight

1. 引导页

引导页是供用户快速了解应用程序特性和用途的页面，通常在用户首次打开 APP 时出现。

一些应用程序会将登录 / 注册页面（图 5-6）放于引导页末屏，用于用户登录或注册账户。

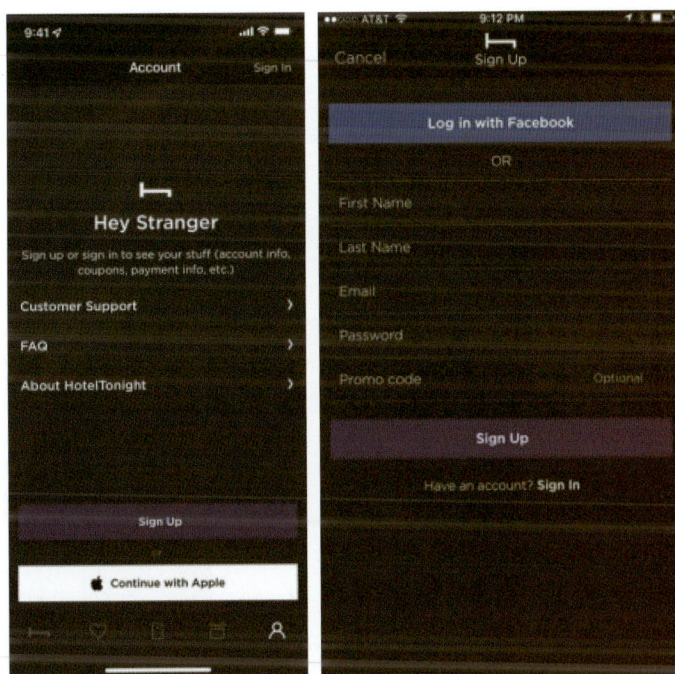

图 5-6　登录 / 注册页面

2. 主页

主页（图 5-7）是提供用户搜索酒店、筛选酒店、浏览酒店详情以及进行预订等操作功能的页面。

3. 酒店列表页面

酒店列表页面（图 5-8）展示满足用户搜索条件的酒店列表，提供每家酒店的图片、评分、价格和距离等信息。

图 5-7　主页

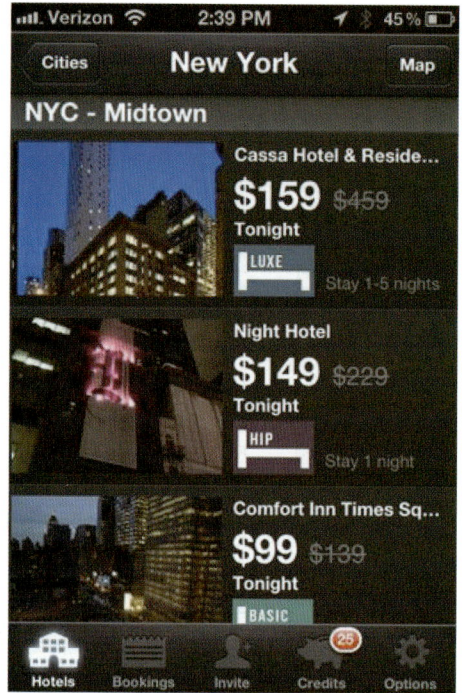

图 5-8　酒店列表页面

4. 酒店详情页面

酒店详情页面(图 5-9)展示选定酒店的详细信息,如房间类型、房间价格、酒店位置、酒店设施、酒店评分和酒店评论等。

5. 订单页面

订单页面(图 5-10)展示用户当前订单和历史订单,提供订单详细信息和付款选项。

图 5-9　酒店详情页面

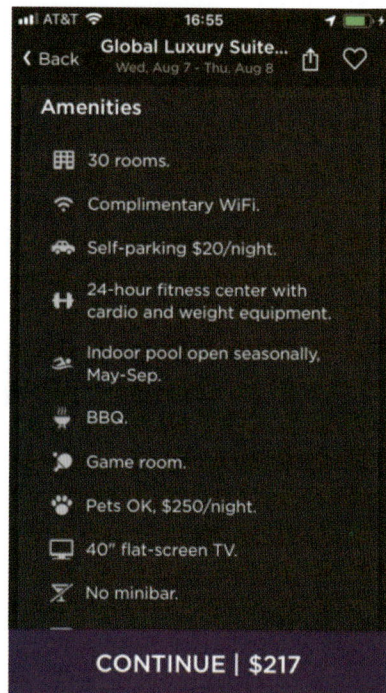

图 5-10　订单页面

6. 用户账户页面

用户账户页面提供用户信息、订单历史等信息和设置、支持等功能。

该 APP UI 界面采用简洁、明亮的配色方案,以黑色、白色和灰色为主色调。设计元素采用圆角、阴影和渐变等现代化元素,增加了 APP UI 界面的时尚感和舒适感。界面布局采用单栏或两栏,简化了用户操作流程,提高了用户体验。

第二节　APP UI 界面尺寸规范

在 APP UI 界面设计中,尺寸规范对于提供跨设备一致的用户体验至关重要。设备屏幕尺寸和分辨率具有多样性,不遵循尺寸规范可能导致 APP UI 界面显示不完全或显示效果不佳。因此,设计师需采用自适应布局或响应式设计来适配不同屏幕尺寸,确保 APP UI 界面在各种设备上均能良好显示。

确定基本尺寸单位,如像素、点、英寸或厘米,是设计过程中的关键步骤。基本尺寸单位需要基于设计稿尺寸和设备分辨率来确定,以保持显示效果的一致性。设计稿尺寸应根据目标设备来定,同时保持与基本尺寸单位的对应关系。

布局尺寸,包括按钮、文本框和图标等的尺寸,也应与设计稿尺寸和基本尺寸单位相匹配。字体大小的选择同样需与设计稿尺寸和基本尺寸单位相适应,以确保在不同设备上的视觉一致性。

在 UI 设计中,元素的大小和布局应根据不同屏幕尺寸规范来确定,同时考虑像素密度以保证图像和文本的清晰度。屏幕比例的差异,如 iPad 的 4∶3 或 3∶2 比例,也需在设计时予以考虑。

第三节　APP UI 界面的布局样式

APP UI 界面布局是指在 APP UI 界面设计中,将不同的元素按照一定的规律、比例、间距等方式排列组合,以达到良好的视觉效果,提供良好的用户体验。在 APP UI 界面设计中,布局样式是一个非常重要的因素,因为它关乎 APP UI 界面整体的视觉效果、使用体验和功能性。

一、线性布局

线性布局是指将元素按照一定的顺序依次排列,是一种简单易用的布局方式,在 APP UI 界面中广泛应用。

一个优秀的 APP UI 界面线性布局案例是 Google Keep 的 UI 界面(图 5-11)。Google Keep 的 UI 界面使用简单的垂直线性布局来组织笔记和列表。在主屏幕上,用户可以看到他们所有的笔记和列表,并可以通过向下滚动来查看更多内容。每个笔记或列表都用一张卡片表示,并带有颜色编码的标签,使其更易于识别和分类。

此外,Google Keep 的 UI 界面设计还包括了一些附加的功能,如便签的头部有一个快速添加按钮(图 5-12),可以让用户快速创建一个新的笔记或列表。这个按钮采用了一种醒目的颜色,使它在屏幕上很容易被看到。

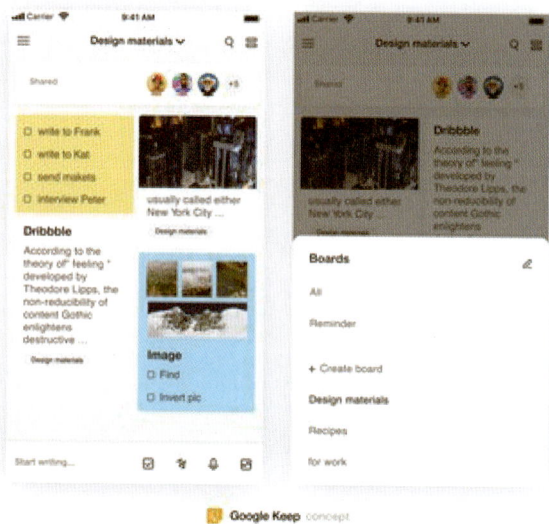

图 5-11　Google Keep 的 UI 界面

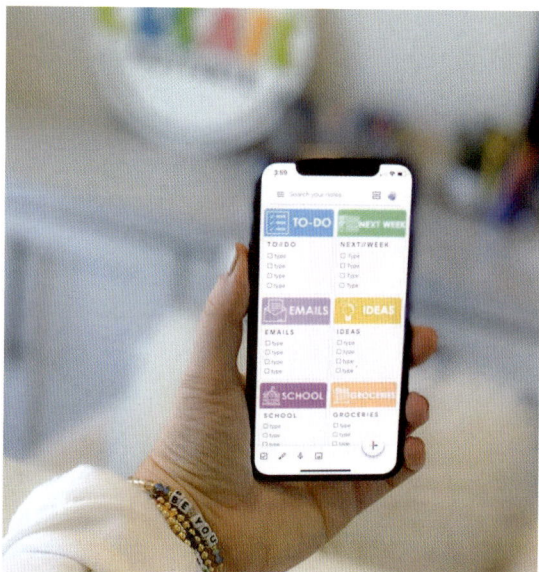

图 5-12　快速添加按钮

二、网格布局

网格布局是一种将元素按照网格形式排列的布局方式。它可以让设计师将不同的元素以较为规则的方式排列在一起。网格布局常常被用于 APP 的主界面和内容列表的排版中。

Instagram 是一个以图片和视频分享为主的社交应用程序,它的主界面采用了网格布局设计。在 Instagram 的主页(图 5-13)中,每个内容块都以正方形图片的形式呈现,而这些图片等宽排列在整个页面中。这种网格布局简单、规整,适合展示多张图片或者多段视频,给用户一种视觉上的整洁感和清晰感。

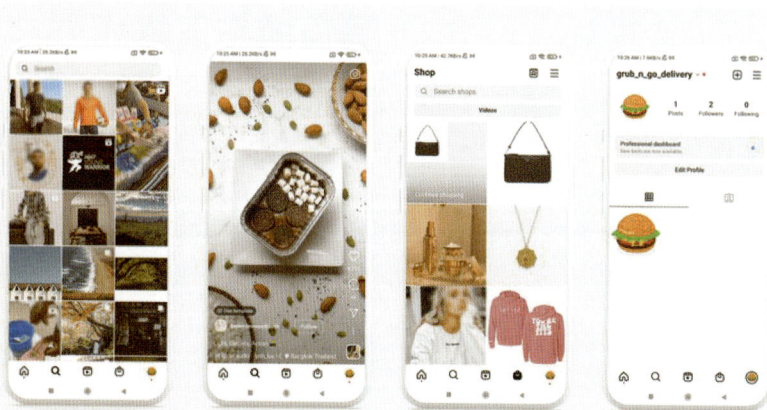

图 5-13　Instagram 的主页

三、绝对定位布局

绝对定位布局是指将元素放置在指定位置的布局方式,通过设置元素的位置、大小、层级关系等属性,将元素精确定位在APP UI界面中。这种布局方式灵活性较高,但需要设计师对元素的尺寸、位置等有较强的掌控能力。例如,微信小程序番茄工作法(图5-14)的 UI 界面就采用了绝对定位布局。该界面分为上下两个部分,上部分是一个番茄钟倒计时,下部分是任务列表。在该界面中,上部分的番茄钟倒计时呈固定大小的圆形,位于界面的正中央,并且不随着界面的大小变化而改变;而下部分的任务列表则是一个可以滚动的列表,可以根据用户的需求自由调整大小,不会影响到上部分的番茄钟倒计时。

图 5-14　番茄工作法

四、流式布局

流式布局是一种自适应布局方式,可以根据不同设备的屏幕尺寸和分辨率自动调整 APP UI 界面中元素的大小和位置,以达到更好的兼容性。流式布局在 APP UI 界面设计中广泛应用,可以让 APP UI 界面在不同的设备上均呈现出良好的效果。一个 APP UI 界面的流式布局优秀案例是支付宝的首页界面(图5-15)。支付宝的首页界面采用流式布局,整体风格简洁明了,颜色搭配协调,使得用户在使用过程中能够快速找到所需信息,提高了用户的使用体验。

五、响应式布局

响应式布局是一种先进的自适应布局方式,它可以根据不同设备的屏幕尺寸、分辨率和设备方向等参数,自动调整 APP UI 界面中元素的布局方式、大小和位置。响应式布局可以让 APP UI 界面在不同的设备上均呈现出良好的效果,使用户获得良好的使用体验。响应式布局常常被用于支持不同尺寸的设备,以便在不同大小的屏幕和不同类型的设备上均提供好的用户体验。

例如,作为中国最大的打车应用之一,滴滴出行(图5-16)的 UI 界面设计就采用了响应式布局,以便在各种设备上都可以提供出色的用户体验。滴滴出行的响应式布局非常灵活,可以根据设备的尺寸和屏幕方向来自动调整布局。

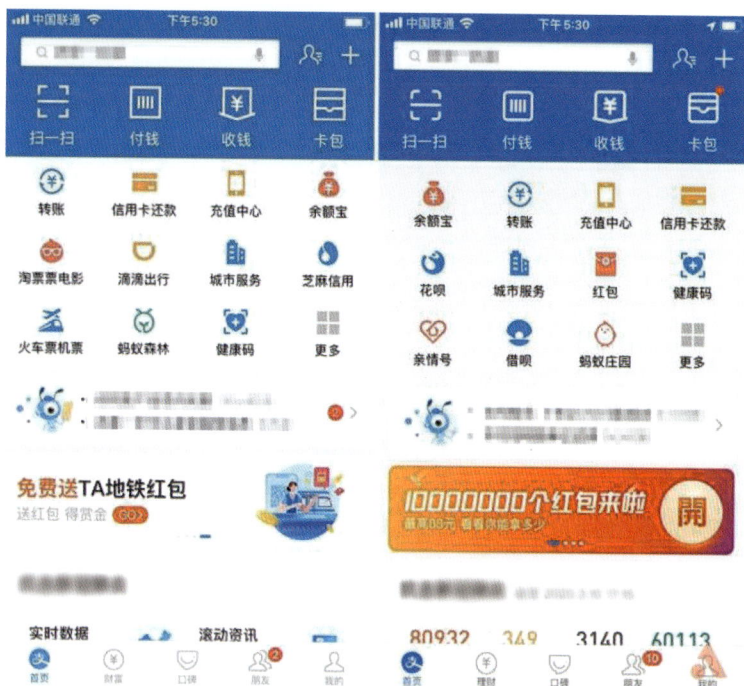

图5-15　支付宝的首页界面

图5-16　滴滴出行

第四节　APP UI界面设计的技巧

　　APP UI界面设计旨在提供优质的用户体验,确保用户能迅速找到所需功能,同时享受美观的视觉效果。为实现这一目标,设计师需利用一系列设计技巧,如保持设计的简洁性、使用恰当的色彩方案、有效利用空间、提供清晰的导航、选择合适的字体、吸引用户注意力、适配不同屏幕尺寸,以及确保易用性。这些设计技巧不仅可以提升专业感和吸引力,还能增加用户满意度和忠诚度。

　　设计时,设计师还需考虑用户心理学,简化设计,使用可识别图标,保持一致性,采用易读字体和恰当的颜色,提供反馈窗口,使用直观导航,并考虑不同设备和屏幕尺寸。另外,测试和优化也是提升用户体验的关键步骤。

　　APP UI界面设计专注于移动设备,融合UI设计和UX设计,关注视觉效果、交互方式、用户感知和情感反馈。设计师需理解用户需求,考虑使用场景,合理布局,采用符合用户习惯的交互和反馈机制,采用恰当的色彩、字体和图标。可视化设计、用户体验设计、交互设计和可用性设计,共同构成APP UI界面设计的核心,旨在提供对用户友好、直观、高效的体验。

一、APP UI界面的主题设计

　　APP UI界面的主题设计致力于塑造应用程序的视觉风格并确保用户体验的一致性,涉及图形元素、色彩、字体、按钮和布局等方面。简洁明了的设计风格使用户易于上手,一致的色彩和字体有助于视觉识别,如外卖应用美团首页（图5-17）的品牌色和字体设计，提供了舒适自然的用户体验。同时，APP UI界面宜采用易于识别的图标和按钮。例如，项目管理工具Trello的UI界面设计（图5-18），采用扁平化设计风格，通过清晰的排版和布局，提高了用户工作效率。一致性可确保所有元素共用相同的视觉语言，并以简洁的布局逻辑清晰地组织元素，提高应用效率。综合这些设计原则，APP UI界面主题设计不仅可以增强用户的信任和忠诚度，还可以提升应用的市场竞争力。

图 5-17 美团首页

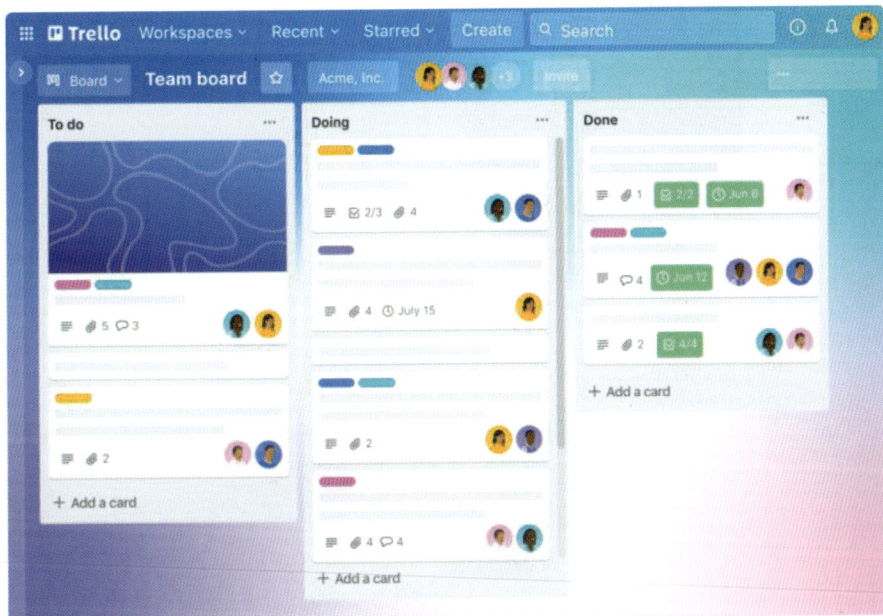

图 5-18 Trello 的 UI 界面设计

二、APP UI 界面的元素设计

APP UI界面的元素设计影响着用户的操作体验和情感反应，包括图标设计（图5-19）、按钮设计、文本设计和颜色设计等。图标设计需简洁易懂，颜色醒目且与主题协调，大小和位置应便于用户识别和访问。例如，外卖应用美团的图标设计就与美团的品牌色和整体风格保持一致，提升了用户的识别度和体验。

按钮设计（图5-20）同样重要。作为用户与APP交互的主要媒介，按钮的外观、标签、排列和交互方式都应精心设计，以确保直观性和易用性。Trello的按钮设计就是一个很好的例子，它的简洁性和直观性让用户能够轻松地理解和使用。

图 5-19 图标设计

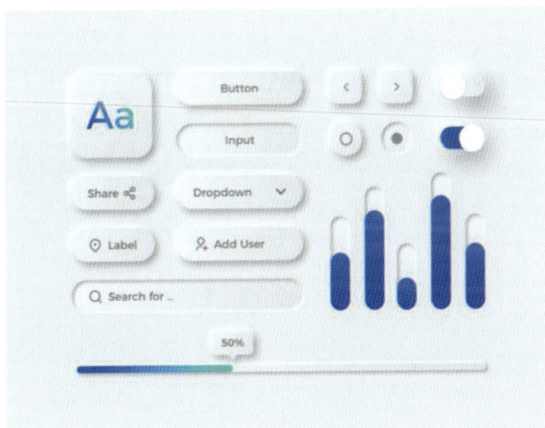

图 5-20 按钮设计

开关控件(图5-21)在移动应用程序UI界面中常见,开关控件设计需确保"开"和"关"(图5-22)状态在视觉上有明显区分,以便用户快速识别。进度条(图5-23)显示加载进度,为用户提供反馈;而文本(图5-24)设计需考虑字体大小、颜色、对比度和对齐方式,确保信息传递清晰和有效。

图5-21　"开"和"关"的状态

图5-22　"开"和"关"的状态

图5-23　进度条

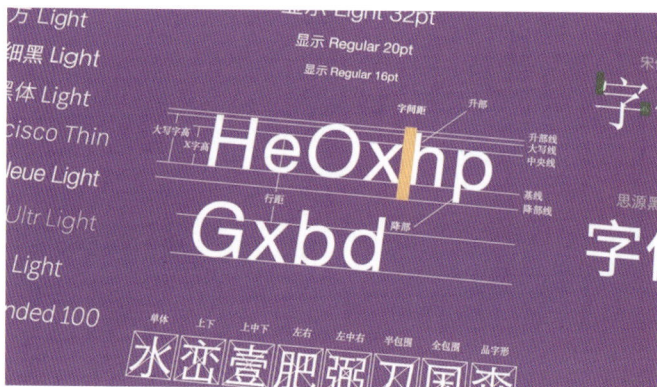

图5-24　文本

作为传达情感和风格的重要元素,颜色应与APP主题协调,同时避免使用过于刺眼或混清的颜色。其他元素(如形状、图案和动画)也应根据设计需求和用户反馈进行调整,以增强整体的视觉效果和用户体验。总体而言,一个优秀的APP UI界面设计需要综合考虑这些元素,以形成一致的视觉风格并提升用户满意度。

── 课后练习 ──

1. 描述APP UI界面设计的基础知识,并设计一个简单的APP UI界面。

2. 列出APP UI界面尺寸规范,并分析一个不符合规范的APP UI界面设计。

3. 应用本章所学的设计技巧,设计一个APP UI界面的布局样式。

4. 选择一个APP,分析其UI界面设计的优缺点。

UI

UI Sheji Lilun yu Shijian

第六章

UI 交互设计

知识目标:理解 UI 交互设计的基础和实用原则,掌握 UI 动效设计和 UI 音效设计的基本方法。

能力目标:能够设计有效的 UI 交互元素,运用 UI 动效和 UI 音效提升用户体验。

素养目标:培养用户中心设计理念,增强对用户行为和需求的理解。

第一节　UI 交互设计基础

UI 交互设计是将用户与产品间的互动转化为具体设计元素的过程,旨在满足用户需求、实现产品目标。UI 交互设计要求设计师深入理解用户需求、行为和使用场景,确保设计原则和语言的统一性,以及掌握 UI 交互设计的基础技术和工具。UI 交互设计理论融合了设计、心理学、人机交互和信息科学,关注用户如何与应用或网站互动,强调任务分析、用户体验设计、信息架构设计和交互设计等。

用户体验设计关注易用性、可用性、可访问性、可靠性和美观性,以提升用户满意度。信息架构设计组织和呈现信息,确保用户易于理解和访问。交互设计考虑用户行为和偏好,使交互自然高效。可用性设计旨在简化用户操作,提高效率。整体而言,UI 交互设计理论要求设计师综合考虑用户需求、设计原则、技术实现和用户体验,以创造出既实用又具有良好体验的产品。

第二节　UI 交互设计原则

UI 交互设计原则是确保用户与产品有效沟通的关键,具体包括以下几种。

一、简化设计原则

简化设计原则要求界面直观易用,通过精简信息架构、合理布局页面、合理搭配颜色、选用合适的字体来提升用户体验。

二、反馈与可视化原则

反馈与可视化原则强调及时反馈和通过动画、颜色、形状等视觉元素提供清晰的操作指引。

三、一致性原则

一致性原则要求确保设计元素(如布局、颜色、字体和图标)的统一,以增强用户认知。

四、可访问性原则

可访问性原则要求关注包括残疾人士和老年人在内的广泛用户群体,通过提供清晰的标签、多种操作方式和考虑语言文化差异来确保界面的可访问性。

五、文字简洁明了原则

文字简洁明了原则要求使用易懂的语言并合理排版,以提高信息的可读性和易理解性。

六、适当的反馈和引导原则

适当的反馈和引导原则强调通过视觉和语音提示确保用户了解操作结果和下一步行动。

七、用户参与原则

用户参与原则鼓励用户反馈,主张通过调查、测试和社区参与等方式收集用户意见,以优化设计。

这些原则共同构成了 UI 交互设计的基础,可帮助设计师创造出既满足用户需求又具备商业价值的产品。

第三节　UI 动效设计

UI 动效设计是通过动画、转场和视觉元素的动态变化增强用户界面的动态交互,为用户提供视觉和感性反馈,使应用更加生动自然,同时辅助用户理解界面操作。在进行 UI 动效设计时,设计师需确保动画(图 6-1)自然流畅,播放速度适宜,与用户交互紧密相关,避免无关或过度复杂的效果,从而确保动效有助于用户理解并提供有

图 6-1　动画

效反馈。UI 动效还应保持一致性和稳定性，以建立用户对应用的信任。简而言之，UI 动效设计是提升用户体验和应用生动性的关键环节，设计师需在自然性、交互性、简洁性、有意义性和稳定性方面精心打磨。

　　总之，UI 动效设计是用户界面交互设计中非常重要的一部分，可以帮助设计师增强用户体验并使应用程序更加生动。在 UI 动效设计中，设计师需要注意动效是否自然、是否简洁明了、是否有意义和是否稳定等方面。

第四节　UI 音效设计

　　UI 音效设计在用户界面交互设计中扮演着重要角色，旨在通过精心挑选的声音效果增强用户体验。设计师在 UI 音效设计过程中需考虑声音的类型、长度、节奏和音量，确保声音既清晰又不刺耳，能够轻松被用户识别。设计师可利用节奏和音调传达不同信息和情感，如用快节奏表示成功，用高音调传达兴奋。声音的长度应与界面动作相匹配，以实现同步效果。重复使用特定声音有助于用户记忆和熟悉产品。UI 音效设计的最终目的是通过自然、愉悦的声音设计，提升用户满意度和产品的使用频率。

── 课后练习 ──

1. 解释 UI 交互设计的基础知识，并设计一个简单的交互界面。
2. 列出 UI 交互设计原则，并分析一个成功的 UI 交互设计案例。
3. 设计一个 UI 动效，并说明其在用户体验中的作用。
4. 选择一个应用程序，分析其 UI 音效设计的优缺点。

UI

UI Sheji Lilun yu Shijian

第七章
APP 首页设计

知识目标：了解APP首页设计的基本内容和图标绘制。

能力目标：能够设计具有吸引力和功能性的APP首页，并运用图标和布局提升用户体验。

素养目标：提高对品牌形象和用户第一印象的重视，增强对电商类型APP首页设计趋势的敏感性。

第一节　APP 首页内容

一、导引

首页是APP的门面。在常规情况下，APP首页视觉效果相对较好，界面层次清晰，功能便捷。

图7-1、图7-2所示的APP是一款电商类型的APP。

图 7-1　电商类型 APP 首页设计 1

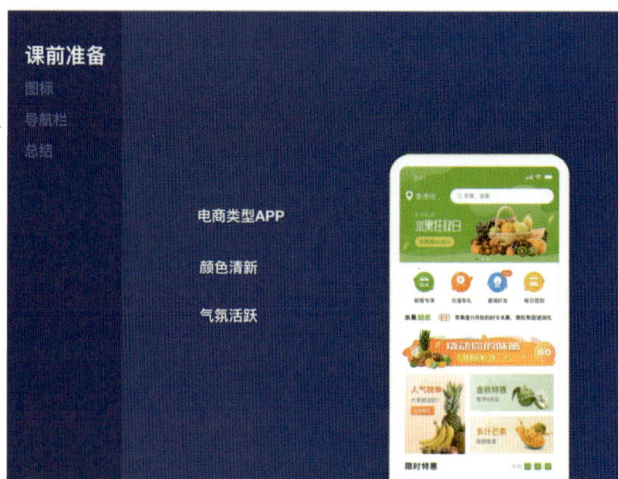

图 7-2　电商类型 APP 首页设计 2

UI设计发展到现阶段，大部分产品的结构框架已经成熟，如人们生活中的电商类型APP结构框架基本相同。早期的产品比较关注用户习惯，倘若在结构上进行创新，那么效果会大打折扣，用户的学习成本也会因此提高，从而使用户对产品的耐心相对下降。因此，UI设计师在进行APP首页设计时应该在整体的大框架基础上，保持原有的基础性内容，然后进行优化，丰富细节。

仔细观察图7-3至图7-5可以发现，APP首页整体比较活跃。这样可以更好地刺激消费者的购买欲望。该APP首页的颜色相对比较清晰，基础色调为绿色，这是因为绿色比较符合水果新鲜、健康的调性。

该APP首页设计具有颜色清新、气氛活跃的特点。在颜色方面，设计师多选用明亮的颜色，并使颜色的饱和度适中（颜色饱和度太高，相对比较刺激）。

如何表现出气氛活跃呢？可以通过将图标绘制得清新一点来实现，如图7-6所示。

图7-3　电商类型 APP 首页设计 3

图7-4　电商类型 APP 首页设计 4

图7-5　电商类型 APP 首页设计 5

图7-6　电商类型 APP 首页设计 6

在图 7-6 右侧图标中,第一组采用明暗变化的色块,存在着明与暗的差异化,所以能更好地体现出层次及细节,如图 7-7 所示。

第二组图标给人一种叠加的感觉,如图 7-8 所示。

图7-7　电商类型 APP 首页设计 7

图7-8　电商类型 APP 首页设计 8

第三组图标颜色渐变跨度较大,如图 7-9 所示。这种图标适用于年轻化的产品。

第四组图标采用了适当的点缀,如图 7-10 所示。

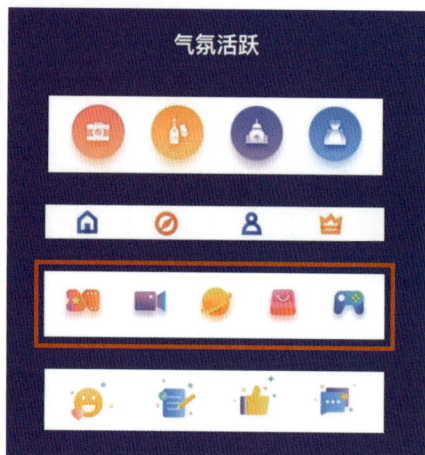

图 7-9　电商类型 APP 首页设计 9

图 7-10　电商类型 APP 首页设计 10

二、图标

由图 7-11 可以看出，其实图标的种类还是比较多的。在图 7-11 所示的图标中，图标④相对比较有吸引力。

图 7-11　APP 首页中的图标

一般来说，面性图标（如图 7-11 中图标②）相比线性图标（如图 7-11 中图标①）层级更高；采取渐变颜色的图标（如图 7-11 中图标③）增加了层次感，相对更丰富；而添加了细节的图标（如图 7-11 中图标④），相对而言，凸显性更强。

本章余下内容将以一款电商类型 APP 首页设计为例讲解 APP 首页设计方法。

第二节　电商类型 APP 首页设计（上）

一、图标绘制

这里使用 Sketch，以一款电商类型 APP 首页中的"每日签到"图标（图 7-12）为例讲解图标的绘制方法。

（1）绘制一个"画板"，然后绘制一个底圆，如图 7-13 所示。

图 7-12　一款电商类型 APP 的首页及其"每日签到"图标　　　　　　　　　　图 7-13　"每日签到"图标绘制示图 1

之所以要绘制一个底圆,是因为在整个图标板块里,每个图标造型不一、不够规范,而绘制一个底圆可以使整体比较统一。

②取消勾选边框复选框,如图 7-14 所示;颜色选择渐变颜色,并选择一个适当的倾斜角度,以获得较好的渐变效果,如图 7-15 所示。

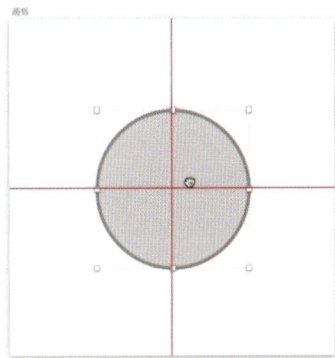

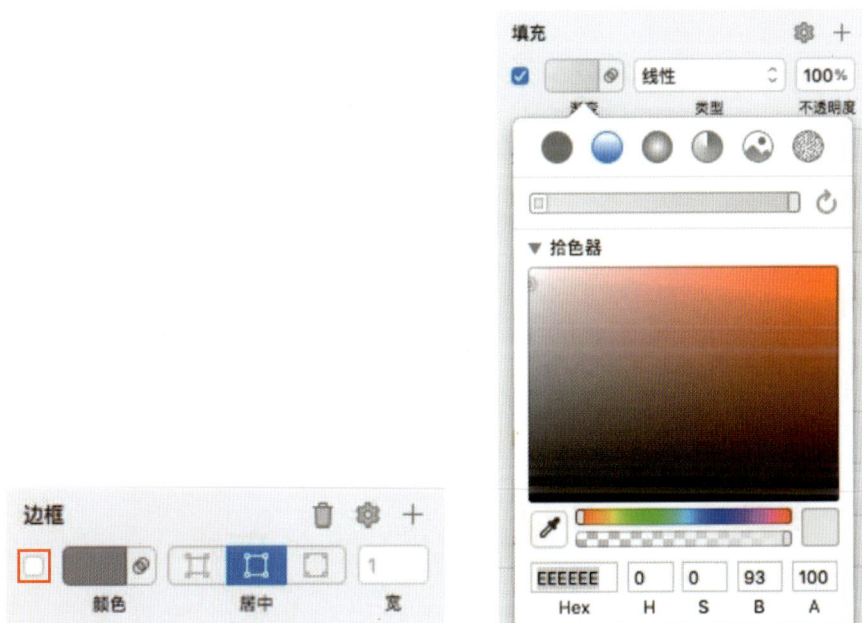

图 7-14　"每日签到"图标绘制示图 2　　　　　　　　图 7-15　"每日签到"图标绘制示图 3

③适当调整颜色,形成自然的渐变效果,如图 7-16 所示。

④绘制图标中间的签到图案。

①绘制一个矩形,同样取消勾选边框复选框,颜色采用白色并适当调整矩形的圆角,效果见图 7-17。

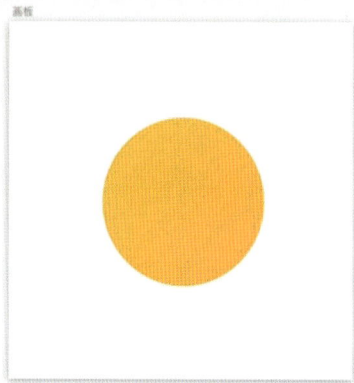

图 7-16　"每日签到"图标绘制示图 4

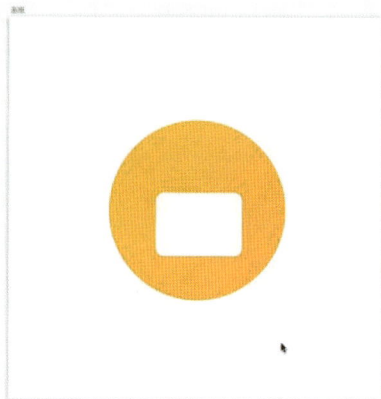

图 7-17　"每日签到"图标绘制示图 5

②绘制签到图案的上部分。具体操作是：首先，选取刚才绘制的矩形，直接复制一份，适当调节大小，并取消矩形下部的圆角，效果见图 7-18。

③绘制上部分中的连接件（图 7-19），即绘制 2 个小小的矩形并放置到合适的位置，适当添加圆角，如图 7-20 所示。

④点击【合并形状】（图 7-21），把三个图形合成为一组。

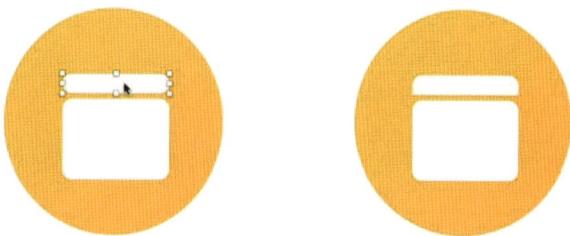

图 7-18　"每日签到"图标绘制示图 6

图 7-19　"每日签到"图标绘制示图 7

图 7-20　"每日签到"图标绘制示图 8

图 7-21　"每日签到"图标绘制示图 9

⑤绘制签到图案下部分的渐变效果。具体做法是：选中主体，选择从底部白色渐变到顶部黄色，并适当调节透明度，见图 7-22。

⑥绘制位于签到图案下部分中间的钩图案。具体做法是：直接用【钢笔工具】绘制出大致形状，适当添加描边、圆角，见图 7-23；颜色选白色，适当调整钩图案的位置，效果见图 7-24。

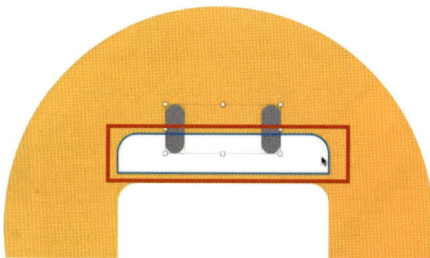

图 7-22 "每日签到"图标绘制示图 10

图 7-23 "每日签到"图标绘制示图 11

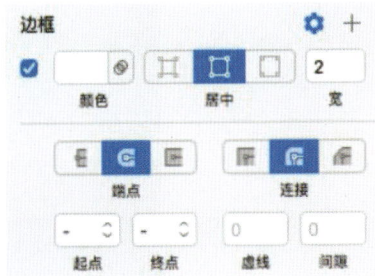

（7）绘制签到图案下部分底部浅浅的投影效果。具体做法是：选中主体，见图 7-25；点击【阴影】，适当添加投影颜色并调节透明度，见图 7-26；选中图标，合并，并适当调整位置，效果见图 7-27。

图 7-24 "每日签到"图标绘制示图 12

图 7-25 "每日签到"图标绘制示图 13

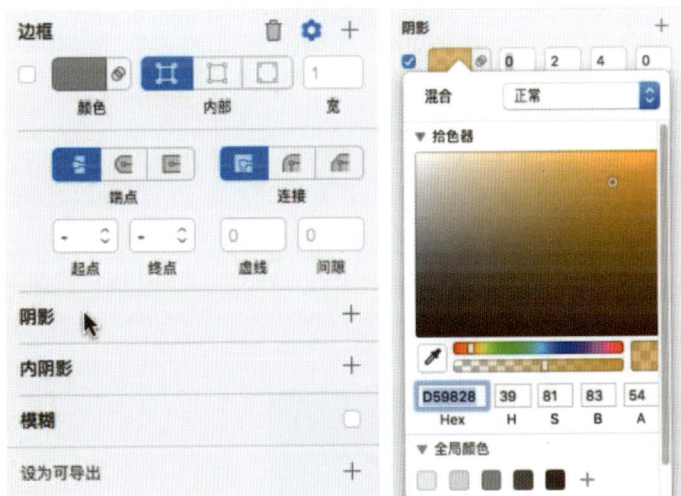

图 7-26 "每日签到"图标绘制示图 14

图 7-27 "每日签到"图标绘制示图 15

（8）绘制图标旁边的点缀，如绘制一个正方体并将其调整到合适的位置。点缀的绘制可以自行发挥。需要提请注意的是，点缀的添加旨在使图标更加活泼，符合产品调性。

二、导航栏绘制

（一）导航栏的概念

导航，顾名思义，就是引导人们方向。在生活中，导航牌随处可见，如高速上的指示牌、公共场所的安全出口指示牌以及办公大楼和医院的定位牌，如图 7-28 所示。

图 7-28　导航牌

在 APP 首页设计中,导航栏也具有指引的作用。

(二)导航栏的作用

一般来说,导航栏需要回答用户三个问题,如图 7-29 所示。

1. 我在哪儿?

导航栏需要非常明确地让用户知道这是首页还是个人中心等,要能够明确告诉用户他在哪儿。

2. 我可以干吗?

一般来说,可以将会发生界面变化的操作放置在导航栏,这样可以有效地实现导航指示用户操作的作用,可以更好地告诉用户可以进行哪些操作,如可以编辑、可以返回等。

3. 我想干吗?

这一个问题是从用户体验的角度出发提出的。设计师需要掌握用户使用产品的流程以及使用频率最高的功能,从而适当提高导航栏的层次性。

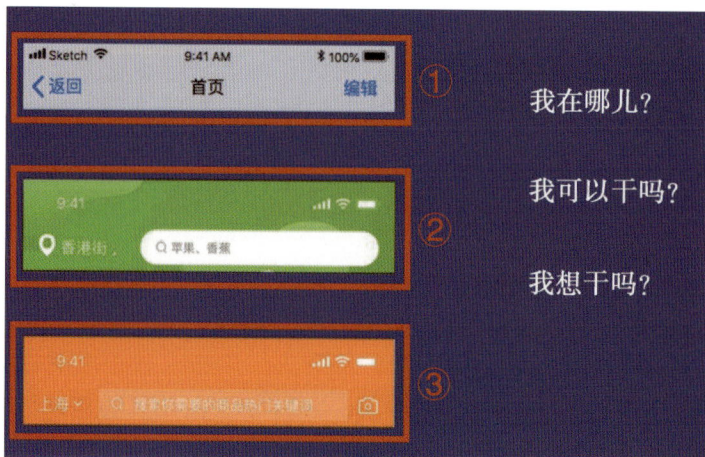

图 7-29　导航栏需回答的三个问题

毋庸置疑,作为一款电商类型 APP,搜索功能非常重要。所以在这里,将搜索栏放置在导航栏部分,这样可以更好地突出搜索功能的重要性。

仔细观察会发现,该款 APP 搜索框所用的颜色是相对比较亮的白色(图 7-29 ②),这是因为相比同在导航栏的定位功能,搜索功能更重要。

当增加拍照功能并主推该功能时,绘制精细度很高、很漂亮的图标放置在导航栏效果未必会很好。这时可以适当调整导航栏的层次性,相对弱化搜索框(如图 7-29 ③)。图 7-29 ③采用降低透明度的方法,使拍照这个功能更好凸显出来。

在设计过程中,设计师可以根据产品的调性,选择需要突出的功能。

(三)导航栏的细节设计

放大导航栏可以发现,搜索功能的细节设计(图 7-30)体现在以下四个方面。

1. 搜索功能图标与文字的高度一致

由图 7-30 可见,搜索功能图标跟文字的高度一致,使得整个组件更加规范、整齐。

2. 搜索功能图标与文字的颜色一致

由图 7-30 可见,搜索功能图标和文字的颜色统一,增强了界面的统一性。

3. 内置间距一致

由图 7-30 可见,文字上下间距一致,提高了界面的整齐性。

4. 圆角的合理使用

因为这款 APP 主要面向年轻群体,首页设计偏向于颜色清新、气氛活跃,所以采用了圆角设计。

图 7-30　搜索功能的细节设计

第三节　电商类型 APP 首页设计(中)

一、banner 概述

banner 作为电商类型 APP 中比较重要的一部分,能够有效提升运营效果,助力活动推广。

那么,banner 有哪些设计重点以及方法呢?

以某款电商类型 APP 首页(图 7-31)为例,仔细观察会发现,顶部 banner(图 7-32)使用的是通栏的形式,这样可以更好地利用首页的空间,在一屏之内显示更多的内容。

该款 APP 首页还有一个外形比较像胶囊的 banner(图 7-33),而且它的位置比较随意,可以更好地体现想要推广的活动。这种 banner 因形似胶囊而得名"胶囊 banner"。

图 7-31　电商类型 APP 首页

图 7-32　电商类型 APP 首页顶部 banner

图 7-33　电商类型 APP 首页胶囊 banner

banner 的形式可以说是千变万化(图 7-34):有全文字类型的 banner,有图文左右排版的 banner,也有主体在中间、文字也在中间的 banner。这里以图 7-35 所示的两个 banner 讲解 banner 的绘制方法。

图 7-34　banner 的形式

图 7-35　banner 绘制案例

二、顶部 banner 绘制

(1)打开 Sketch,在空白位置绘制一个画板,具体做法是:按住 A 键,在空白位置处单击鼠标左键,拖拽出一个矩形,并将其宽度参数调整为"375",高度参数调整为"220",如图 7-36 所示。

(2)绘制一个处于画板顶层的等大底色块,取消勾选边框复选框,颜色选择渐变颜色并调整倾斜角度,见图 7-37。这里颜色采用偏黄一点的绿色,使其渐变到深一点的绿色,效果如图 7-38 所示。

③输入文案。具体做法是:输入"水果狂欢日",颜色设置为白色,字体选用站酷庆科黄油体,字体大小设置为"28",字符间距设置为"1.32";输入日期"11.2–11.12",颜色设置为白色,字体与"水果狂欢日"字体一致,字体大小设置为"13",字符间距设置为"0.61"。相对来说,日期字体可以小一点,主要突出活动的内容,如图7–39所示。

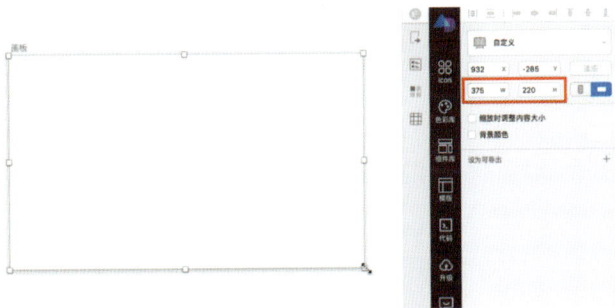

图7–36 顶部banner绘制示图1

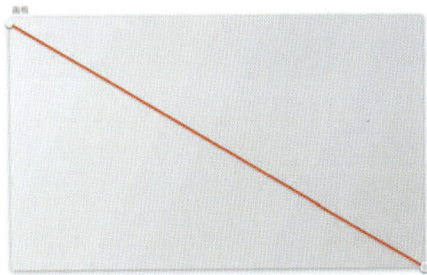

图7–37 顶部banner绘制示图2

图7–38 顶部banner绘制示图3

图7–39 顶部banner绘制示图4

④输入活动的具体信息"消费满66减12",并适当调整其位置。这行文字的字体的选择可随意,图7–40中选用的字体为PingFang SC。

为了使活动的具体信息能够更好地吸引人们注意力,可以用类似于标签的形式显示活动的具体信息。具体做法是:绘制一个底色块,圆角半径设置为"15",取消勾选边框复选框,将该底色块放置在文字图层下面,该底色块的颜色选用偏绿一点的黄色,然后调整活动具体信息文字的颜色、大小并做加粗处理,如图7–41所示。

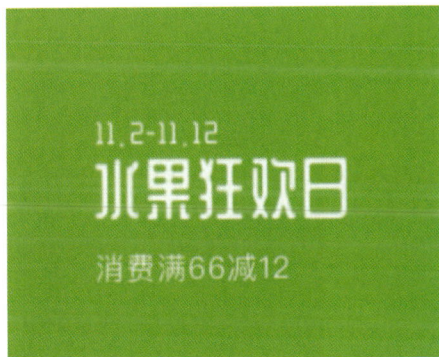

图7–40 顶部banner绘制示图5

图7–41 顶部banner绘制示图6

⑤放置图片。注意,在挑选图片时,应尽量挑选品质比较高的图片。在这里选择的是已经处理好、分辨率较高的素材图,如图7–42所示。

⑥绘制点缀层。一个比较符合要求的banner,其实是比较有层次的(见图7–43),虽然处于一个比较小的区域,但仔细观察会发现,banner有文案层、图片层以及点缀层,因此这里讲解如何绘制点缀层。

图7-42　顶部 banner 绘制示图 7

图7-43　顶部 banner 绘制示图 8

①使用【钢笔工具】，按住 V 键绘制一个相对随意的形状并将其放置在合适的位置，取消勾选边框复选框，如图7-44 所示。

②颜色采用渐变颜色，色彩数值设置如图 7-45 所示，并将整体不透明度调为 67%。

图7-44　顶部 banner 绘制示图 9

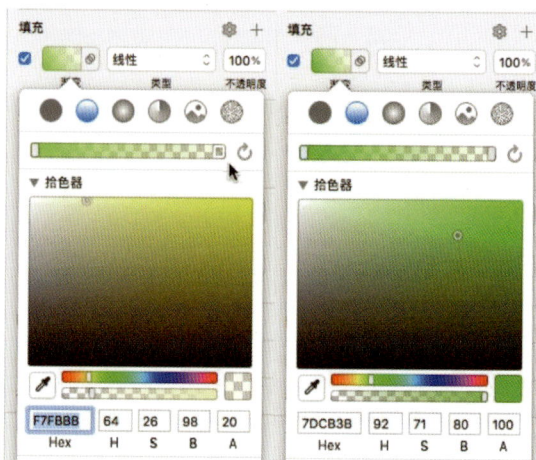

图7-45　顶部 banner 绘制示图 10

③绘制底部。底部呈波浪样式，先大致绘制一个形状，取消勾选边框复选框，颜色使用纯白色，并将不透明度调为 15%，将该形状放置在最下面，再按住 Ctrl 键加 D 键复制一份，进行错位处理和不透明度调整，效果如图7-46 所示。

④进行右半部分的绘制，取消勾选边框复选框，颜色采用渐变颜色（这里选择从黄色渐变到绿色），并适当调节黄色部分的透明度，使得黄色部分能够融入背景，然后把右半部分放置在底部，最终效果如图 7-47 所示。

图7-46　顶部 banner 绘制示图 11

图7-47　顶部 banner 绘制示图 12

肯定有人比较疑惑：为什么这个点缀层不放在文案层后面？这是因为，点缀层放在文案层后面会遮挡住主要文案信息。

⑤绘制一些辅助的小点缀，如图7-48 所示。

图 7-48　顶部 banner 绘制示图 13

　　具体做法是:按 O 键绘制一个椭圆,取消勾选边框复选框,采用与前面绘制的小标签相同的颜色,再复制一个椭圆,将其放置在左下角并进行【模糊】处理,将【高斯模糊】改为【动感模糊】(图 7-49)。

　　至此,顶部 banner 就绘制好了,如图 7-50 所示。

图 7-49　顶部 banner 绘制示图 14

图 7-50　顶部 banner 绘制示图 15

三、胶囊 banner 绘制

　　(1)绘制胶囊 banner 的主体,即绘制一个矩形,如图 7-51 所示。

　　(2)首先,通过增加和拖拽锚点把矩形调整成所想要的多边形,对底部尖锐部分进行适当倒圆角处理;接着,在左侧大致绘制一个多边形,在右侧绘制一个放置"GO"的圆形,将所选好的素材图放置画板内,并调至最顶部,最终效果如图 7-52 所示。

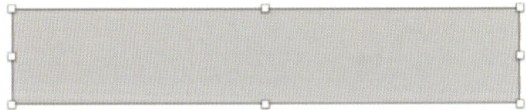

图 7-51　胶囊 banner 绘制示图 1

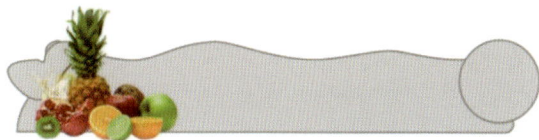

图 7-52　胶囊 banner 绘制示图 2

　　(3)对颜色进行渐变调配,效果如图 7-53 所示。

　　(4)输入文案并进行相关的设置。文案可以选用比较好看的字体。这里不局限于 PingFang SC 字体,因为这种字体相对来说比较规整,此处文案可以选用比较有趣味的字体,如这里主文案采用 ZCOOL_KuHei 字体,字体大小设置为"28",字符间距设置为"1.14"。

　　按住 Option 键(Alt 键)＋ command 键(Ctrl 键)＋ C 键,直接复制并粘贴样式,用以输入副文案。主文案一般来说比较突出,因为要重点突出运营信息。副文案相对来说字号可以小一点,字体可以简单一点,如可使用 PingFang SC 字体。另外,副文案中的折扣数据要重点突出,可以用稍微深一点的红色,如图 7-54 所示。

图 7-53　胶囊 banner 绘制示图 3

图 7-54　胶囊 banner 绘制示图 4

这里还可以通过小标签使副文案更加丰富。具体做法是:绘制一个矩形,取消勾选边框复选框,适当做倒圆角处理,颜色选择渐变颜色(从亮红色渐变到橙色),再适当添加阴影(阴影用稍微深一点的红色即可),再整体调节模糊度和不透明度,效果如图 7-55 所示。

(5)为侧边圆形图案添加信息,字体可以粗一点,然后进行居中处理。此时如果觉得还有细节上的问题,则可以反复进行调整,如图 7-56 所示。

图 7-55　胶囊 banner 绘制示图 5

图 7-56　胶囊 banner 绘制示图 6

(6)绘制点缀。仔细观察发现,点缀具有层次感,显得画面更加丰富。点缀的具体绘制方法是:绘制一个多边形(图 7-57),取消勾选边框复选框,颜色采用渐变颜色,并将该多边形放置在最底部,如图 7-58 所示。

图 7-57　胶囊 banner 绘制示图 7

图 7-58　胶囊 banner 绘制示图 8

注意,颜色的渐变跨度不要太大,不然会显得很夸张;渐变色尽量是采用相近色。

因为宣传的活动主题是热带水果,所以点缀采用了比较丰富的颜色。

完成上述点缀绘制后,可以采用同样的绘制方式绘制出更多个点缀。如果想做造型,则可以双击绘制的图案,进入编辑模式,然后通过锚点来调节。

至此,胶囊 banner 绘制完成,最终绘制效果如图 7-59 所示。

图 7-59　胶囊 banner 绘制示图 9

第四节　电商类型 APP 首页设计（下）

　　在电商类型 APP 首页设计中，烘托氛围也是重要的一个环节。这是因为好的氛围可以更好地刺激消费者的购买欲。所以，设计师应该从 banner、图标等各个角度出发，精心营造氛围感。

　　营造氛围感时，设计师需要从产品的角度出发细致分析界面，并梳理功能的重要性，从而增强板块层级关系。

　　由图 7-60 可以看到，该款电商类型 APP 首页中的图标比较简单，所以在绘制图标时，不仅颜色选择了比较清新的颜色，造型也可以比较活泼。这样不仅可以提升图标的美观度，而且可以突显图标，让用户更好地注意重要功能。

图 7-60　电商类型 APP 首页设计案例及目标

　　banner 作为一个界面中比较重要的部分，相对来说可以更好地突出产品的运营活动信息。要想设计出好的banner，设计师需要从文案层、图片层以及点缀层三个维度出发打造层次感。

　　这里列举两个 banner 案例，如图 7-61、图 7-62 所示。可以看出这两个 banner 比较粗糙，层次性较低，并且不够美观。显然这样的 banner 点击率肯定不高。

图 7-61　banner 案例 1

图 7-62　banner 案例 2

图 7-61 所示的 banner 对文案层的处理不够好（只有一个主标题，并没有形成正副标题的对比），对点缀层的处理也不够好；图 7-62 所示的 banner 缺少了图片层，整体只有点缀层以及文案层，给人一种缺少了点什么的感觉。

在电商类型 APP 首页设计案例中，因为顶部 banner（图 7-63）是比较重要的组成部分，所以使它形成通栏的效果，这样在首屏的区域可以显示更多的内容；胶囊 banner 用于即时性的活动宣传，也是设计重点。

图 7-63　电商类型 APP 首页顶部 banner

一、瓷片区和列表流

1. 瓷片区

瓷片区（图 7-64）在各种 APP 首页比较常见，整体比较丰富，基本都是图文混排，配图一般选取当下比较流行的插画图标。瓷片区在颜色搭配方面也比较讲究统一性，设计师可以根据产品的调性选择符合产品的颜色。

瓷片区在结构上可以采用普通的田字格排列方式，也可以采用相对错开的排列方式，如图 7-65 所示。采用相对错开的排列方式一般来说是为了更好地突出某个板块，而且要突出的这个板块往往偏大。

图 7-64　瓷片区

图 7-65　瓷片区的排列方式

对于案例中的瓷片区(图7-66),因为产品属于水果类,所以在配图方面用的是水果图片。需要注意的是,在配图时应尽量选用品质较高的图片,切忌选用比较模糊的图片,因为模糊的图片会拉低产品的品质。另外,图片应完整。

在颜色搭配方面,案例使用相对比较清淡的颜色。因为这款产品针对的是年轻群体,所以在颜色方面选取了水果的颜色。这也是一个设计技巧,设计师平时在设计时,如果觉得在颜色搭配方面不好把控,可以选用产品素材的颜色,如图7-67所示。

仔细观察可以发现,标题文字采用的是叠加的方法,如图7-68所示,这样做的目的是更好地突出层次,产生对比。将后面的文字与标题文字错开,并调节不透明度就得到了案例中所展示的效果。另外,文字和图片的颜色一致,可以更好地提高界面的统一性。

图7-66　案例中的瓷片区

图7-67　颜色选取示例

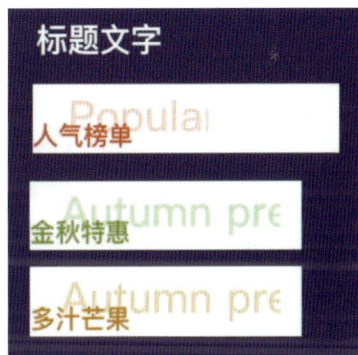

图7-68　标题文字

案例中的瓷片区采用的是左右排版方式。假设想重点突出人气榜单板块,那么可以把人气榜单板块做大一点,这样一来凸显性就有了。但是单单只是做大,还是显得单薄,所以又提炼了活动卖点并设计了标签(图7-69)。

2. 列表流

列表,顾名思义,将是将信息以条列形式呈现。在APP首页设计中,列表样式丰富多样,包括图文混排型、图标主导型和纯文字型等。从本质上说,列表可视为信息单元的集合体——每个信息单元可以表现为卡片、文字段落、视频片段或音频片段等形式,通常包含发布者信息、浏览数据、内容分类等用户关注的核心信息。这种模块化的信息组织形式,就是我们所说的列表(图7-70)。

图7-69　标签

图7-70　列表

那么,什么是流呢?流就是信息呈现的方式,即信息以什么方式呈现在APP首页中。流的样式有很多,不单单有列表流(图7–71),还有卡片流(图7–72)、瀑布流(图7–73)等,所以设计师在设计时宜根据产品选用合适的流样式。相对来说,卡片流可以更好地归纳信息。瀑布流本质上是卡片流的升级版,在样式上做了趣味化处理,可以为用户提供沉浸式体验。

图 7-71　列表流

图 7-72　卡片流

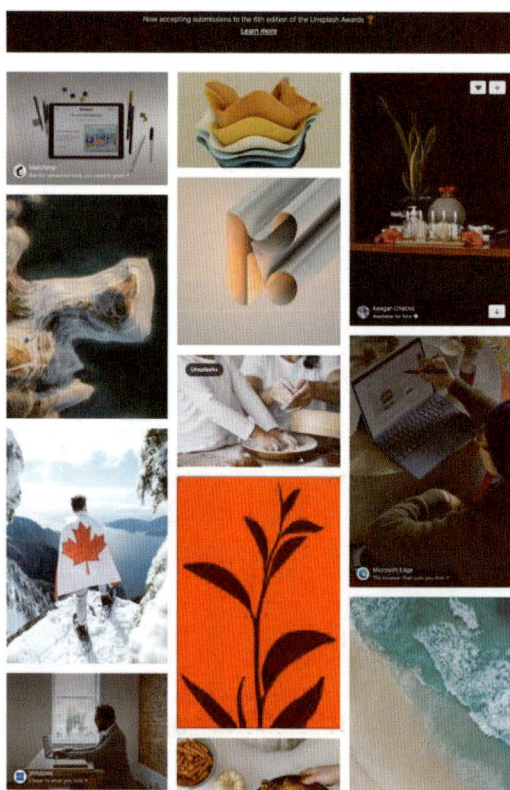

图 7-73　瀑布流

如图 7-74 所示,案例采用的是图文混排型列表流,图片与文案层次分明,主标题和副标题区分清晰。

一般来说,图文混排时,文字在竖向上并不与图片平齐,如图 7-75 所示。这样可以更好地体现界面的关联性,加强信息的呼吸感。

对于图 7-75 所示的列表流,可以在最右侧设计一个以圆形框起来的购物车图标,这样可以使整个界面达到版面平衡,如图 7-76 所示。

推荐　热带水果　当季水果　高档进口

清凉西瓜小盒*300g
月销20111件

¥378

香甜猕猴桃*500g
月销20111件

¥378

图 7-74　案例列表流

图 7-75　图文混排型列表混排方式

那么,购物车图标放在右侧这个位置合适吗? 其实从产品的角度出发,是合适的,因为水果类的产品是可以拼单的,如我们买完西瓜,可能会再买猕猴桃,而且加入购物车这个功能的使用频率较高,所以将购物车图标放在图示位置是比较合适的。另外,从版面的角度来说,把购物车图标放置在右边,可以使整个界面版面平衡。

对比图 7-76 和图 7-77 可以发现,二者在结构上大致相同,同样采取图文混排方式,只是图 7-76 采取左图右文混排方式,而图 7-77 采取右图左文混排方式,产生这一差异的原因如下:人们一般习惯从左往右依次浏览信息,在电商类型 APP 中,看图片就可以判断出这是什么产品,所以图片放在左边,文字放在右边;而在文章类型 APP 中,只看图片并不能分析出这是什么内容,所以一般来说文字放在左边,图片放在右边。

推荐　热带水果　当季水果　高档进口

清凉西瓜小盒*300g
月销20111件

¥378

香甜猕猴桃*500g
月销20111件

¥378

华谊兄弟终止收购, 英雄互娱或转主

03.10 16.00

观点

华谊兄弟终止收购, 英雄互娱或转主

03.10 16.00

观点

图 7-76　添加购物车图标

图 7-77　对比案例

不难看出,列表流绘制涉及多方面的知识。要想绘制出好的列表流,设计师需要学习的知识较多,并需要综合考虑多方面的因素。

二、瓷片区、列表流绘制

1. 瓷片区绘制

这里以图 7-78 为例讲解瓷片区的绘制方法。

图 7-78　瓷片区绘制案例

（1）打开 Sketch，绘制一个画板，如图 7-79 所示。

（2）在画板上绘制一个矩形，取消勾选边框复选框，适当做倒圆角处理，这里圆角半径数值设置为"6"，效果如图 7-80 所示。绘制好该矩形，瓷片区的高随之确定。

（3）采用同样的方式绘制另外两个矩形并调整好大小后，将这两个矩形放在恰当的位置，效果如图 7-81 所示。

图 7-79　瓷片区绘制示图 1

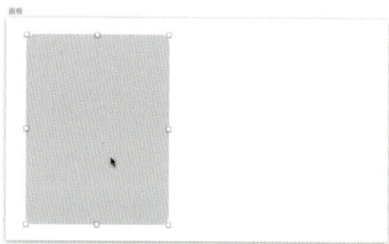

图 7-80　瓷片区绘制示图 2

图 7-81　瓷片区绘制示图 3

（4）选择、添加并处理图片，效果如图 7-82 所示。

（5）完成人气榜单板块的绘制。

①上色，效果如图 7-83 所示。

图 7-82　瓷片区绘制示图 4

图 7-83　瓷片区绘制示图 5

②添加标题内容并进行相应的设置，效果如图 7-84 所示。

③绘制标签，以便更好地体现产品的卖点跟吸引力。具体做法是：绘制一个矩形，取消勾选边框复选框，适当做倒圆角处理，颜色采用渐变颜色，并调整渐变的角度，效果如图 7-85 所示。

图 7-84　瓷片区绘制示图 6

图 7-85　瓷片区绘制示图 7

④输入副标签名称"立即购买",颜色采用纯白色,字体大小设置为"10"并加粗、居中放置,如图 7-86 所示。

⑤细节处理。对标题采用叠加文字的方法进行处理,效果如图 7-87 所示。

图 7-86　瓷片区绘制示图 8

图 7-87　瓷片区绘制示图 9

⑥采用与人气榜单板块相同的绘制方法,完成另外两个板块的绘制。

2. 列表流绘制

①打开 Sketch,绘制一个宽度尺寸为"375"、高度尺寸为"250"的画板。

②新建一个矩形(此处建议使用正方形),取消勾选边框复选框,颜色采用纯白色,并调整好该矩形所在的位置(距画板左边框 15 mm),如图 7-88 所示。

③选择图片并将其放置在绘制好的矩形内,如图 7-89 所示。

④输入主标题"西瓜",颜色采用偏黑一点的颜色,字体采用 PingFang SC,字体大小设置为"18",然后调整主标题与图片的间距,这里采用的间距为 15 像素,效果如图 7-90 所示。

⑤输入副标题,字体同样采用 PingFang SC,字体大小设置为"12",颜色采用浅灰色,副标题与图片的间距同样设置为 15 像素,效果如图 7-91 所示。

⑥输入产品价格。产品价格是重要的信息,因此,将产品价格的字体大小设置为"21",并搭配红色,如图 7-92 所示。

需要特别说明的是,主标题、副标题和产品价格三行文字之间的间距也是有讲究的,宜根据信息之间的关联度、整体版面的呼吸感等进行调整。本案例采用如图 7-92 所示的间距。

⑦绘制购物车图标并调整购物车图标至与产品价格对齐,如图 7-93 所示,从而使整个界面显得较为整齐。

图标与画板右边框的间距也设置为"15",这样会使得整个界面左右仿佛都有一个引导的视线流,引导用户向下滑动界面。

图 7-88　列表流绘制示图 1

图 7-89　列表流绘制示图 2

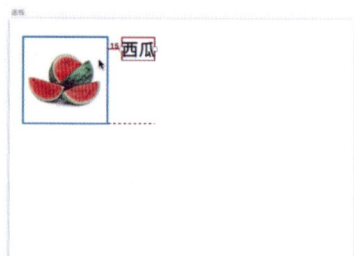

图 7-90　列表流绘制示图 3

图 7-91　列表流绘制示图 4

图 7-92　列表流绘制示图 5

图 7-93　列表流绘制示图 6

图 7-94　列表流绘制示图 7

（8）绘制中间分割线,取消勾选边框复选框,颜色采用浅灰色。由于本案例采用的是非通栏列表,因此将列表左右两侧与画板左右边框的间距均设置为 15 像素,以便使整个界面显得规范。分割线在与上下图片保持相同的间距,如 12 像素。

（9）通过复制完成其他列表的绘制,如图 7-94 所示,直至完成列表流的绘制。

— 课后练习 —

1. 描述 APP 首页设计的基本内容,并设计一个简单的 APP 首页界面。

2. 列出 APP 首页图标绘制的要点,并分析一个成功的 APP 首页设计案例。

3. 应用本章所学的设计技巧,设计一款电商类型 APP 的首页界面。

4. 选择一款电商类型 APP,分析其首页设计的优缺点。

UII

UI Sheji Lilun yu Shijian

第八章

2.5D 插画场景绘制技法

知识目标:认识 2.5D 插画场景,掌握建筑搭建方法。

能力目标:能够创建和编辑 2.5D 插画场景,并提升 2.5D 插画场景的视觉效果。

素养目标:培养艺术创作能力,增强对插画设计趋势的敏感性。

第一节   2.5D 插画场景概述及参考线建立与应用

一、 2.5D 插画场景概述

2.5D 是一种广泛用于游戏开发和其他领域的技术概念。它是一种介于二维(2D)和三维(3D)之间的技术表现形式,利用二维平面(如屏幕或图像)模拟三维视觉效果,营造立体感,但核心操作仍基于二维平面,如图 8-1、图 8-2 所示。

图 8-1 2.5D 插画场景 1

图 8-2 2.5D 插画场景 2

矛盾空间作为一种特定视错觉技巧(在二维平面上表现三维结构),常用于 2.5D 插画场景的制作。矛盾空间的形成通常是利用视点的转换和交替,在二维的平面上表现三维的立体形态,如图 8-3 所示。矛盾空间在平面设计中违背了透视原理,导致光影效果错乱,使图形随着视线的变化呈现出不同的形体关系。简单来说,矛盾空间利用了人们视觉对光影的感知,让人们错误地认为展现出的图形为三维的立体形态。

图 8-3 矛盾空间

二、参考线建立

绘制 2.5D 插画场景时,需要用到参考线。参考线的画法可参考图 8-4。

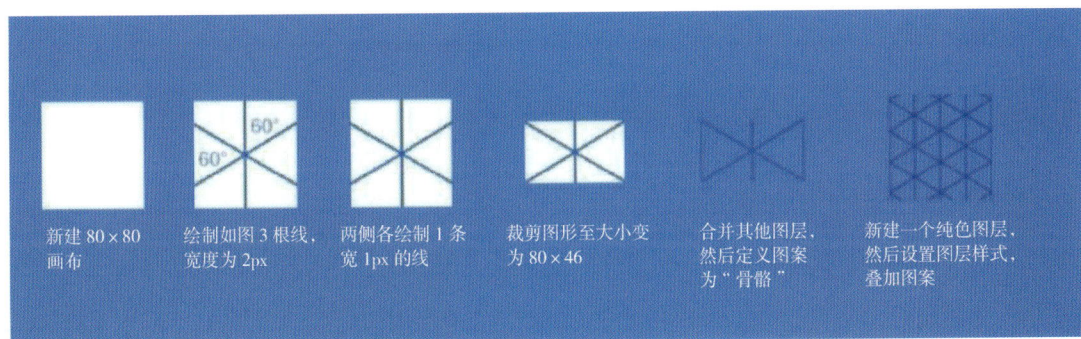

图 8-4　参考线的画法

这里以图 8-5 为例,介绍 2.5D 插画场景参考线的建立方法。

①打开 AI,新建一个画布,具体做法是:宽度设置为"80",高度设置为"46",分辨率设置为"72",方向设置为横向,然后单击【创建】,如图 8-6 所示。

图 8-5　案例图

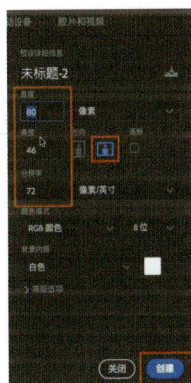

图 8-6　新建一个画布操作

②用【矩形工具】作一个宽为 2 个像素、高为 100 个像素的矩形,并设置该矩形水平居中和垂直居中,如图 8-7 所示。

③选中矩形,按 Ctrl 键和 T 键将矩形旋转 60°,然后按 Ctrl 键和 T 键水平翻转矩形;在画布的左右两边,绘制小矩形;将背景层删掉,让该图层变成一个透明的图层,如图 8-8 所示。

图 8-7　作矩形

图 8-8　透明图层

（4）选择【编辑】标签，然后选择【定义图案】选项，在弹出的【图案名称】对话框中，把图案命名为"2.5D 参考线"，如图 8-9 所示。

（5）新建一个画布进行画图，选择【图层样式】→【混合选项】→【图案叠加】，然后找到"2.5D 参考线"，将【缩放】改为"100"，锁定参考线，如图 8-10 所示。

图 8-9　图案命名

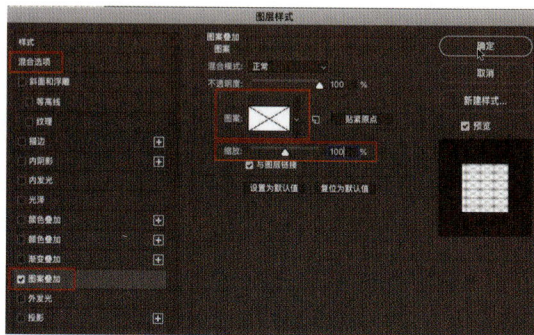

图 8-10　锁定参考线

三、基本形体的绘制

（1）画正方体。画一个尺寸为 94 像素 ×94 像素的正方形，并改变其颜色，以便与背景区分开；然后选中该正方形，复制一个出来，按 Ctrl 键和 T 键将复制得到的正方形水平翻转放到原正方形的左边，并与原正方形对齐；接着再选中绘制的正方形，按 Ctrl 键和 C 键再复制出来一个并调整，使用【直接选择工具】使其与原正方形的上边线对齐，结果如图 8-11 所示。

（2）画正立的长方体。具体做法是：复制图 8-11 所示的正方体，调整好其位置，然后用【直接选择工具】选择下面的三个点直接往下拉，即得到长方体，如图 8-12 所示。

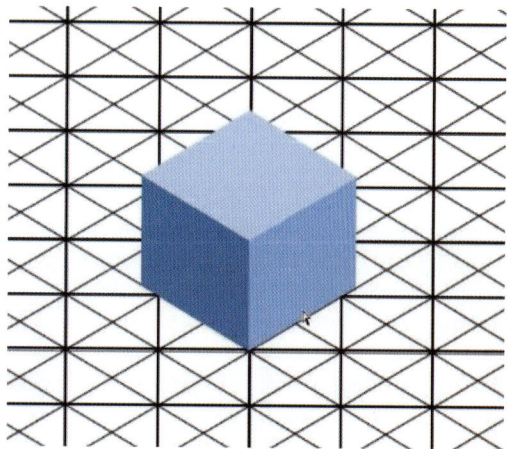

图 8-11　画正方体

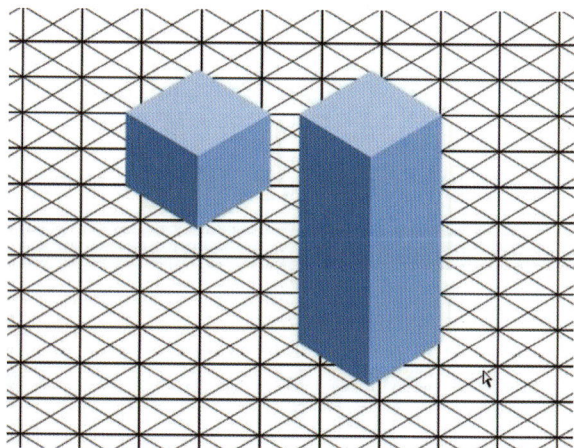

图 8-12　画正方体和长方体

（3）画其他角度的长方体。具体做法是：复制图 8-11 所示的正方体，放置在恰当位置，选中正方体，然后选中三个点往对应方向上拉，即得到其他角度的长方体，如图 8-13 所示。

（4）画球。画圆并选中，然后按 Ctrl 键和 T 键调整圆为倾斜 30° 的椭圆，效果如图 8-14 所示。可以加内阴影，让它能够"鼓"起来。

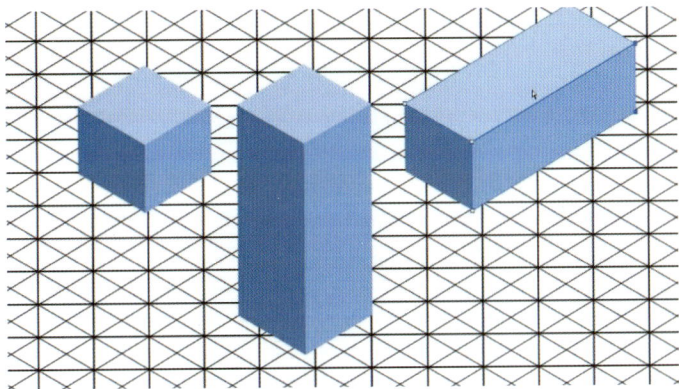

图 8-13　画其他角度的长方体

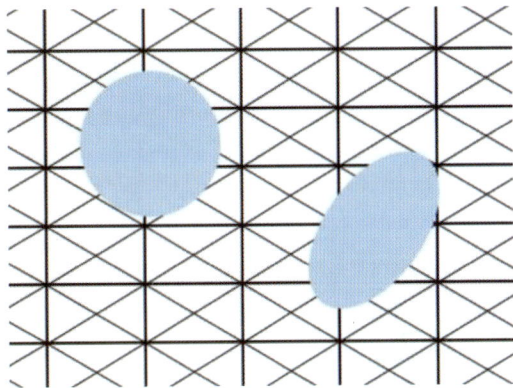

图 8-14　画球示图

⑤画圆柱。基于步骤⑷画出的圆画圆柱：将圆旋转一定角度，拉伸并填充颜色，即得到圆柱，如图 8-15 所示。

⑥画圆锥。把刚刚画好的圆柱复制一个出来，然后把上面这个圆形删掉，将一条参考线放在图形的中间，把图形上部的两个锚点移到中间，即可得到圆锥体，如图 8-15 所示。

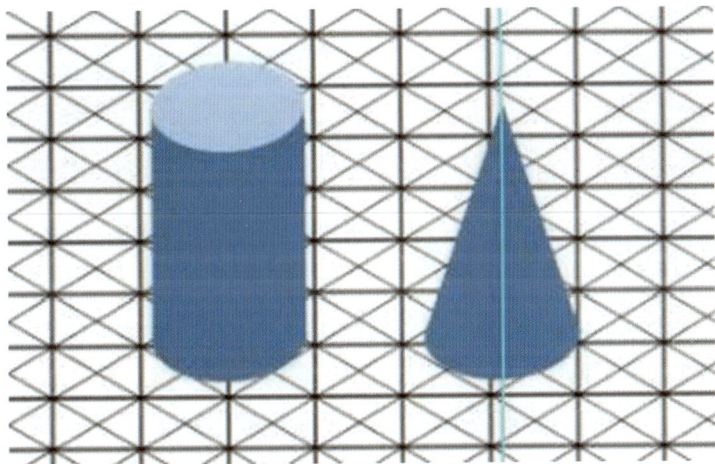

图 8-15　画圆柱和圆锥

第二节　2.5D 插画场景绘制

本节以图 8-5 中的建筑搭建为例讲解 2.5D 插画场景绘制方法。

⑴新建一个图层作为草稿层，画一个立方体，取消填充，用描边看效果，如图 8-16 所示。

⑵对该立方体填充渐变色，如图 8-17 所示。

⑶绘制楼顶。首先复制该立方体，然后按 Ctrl 键和 T 键缩小后调整锚点，效果如图 8-18 所示。

⑷对楼顶绘制凹陷的效果，如图 8-19 所示。

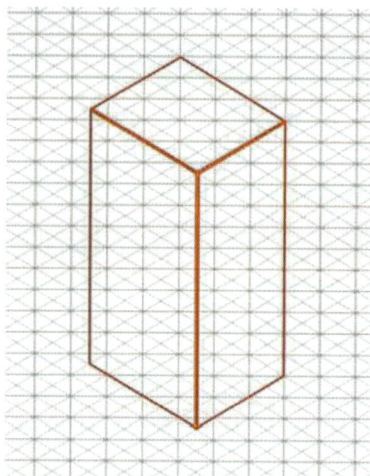

图 8-16　建筑的搭建示图 1

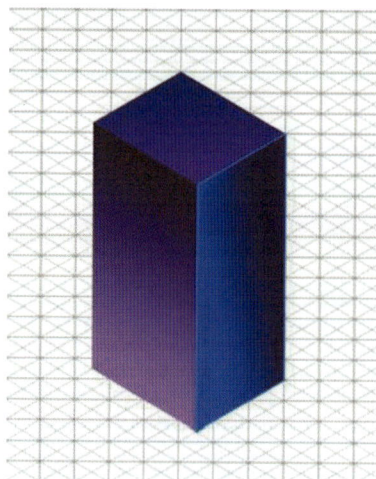

图 8-17　建筑的搭建示图 2

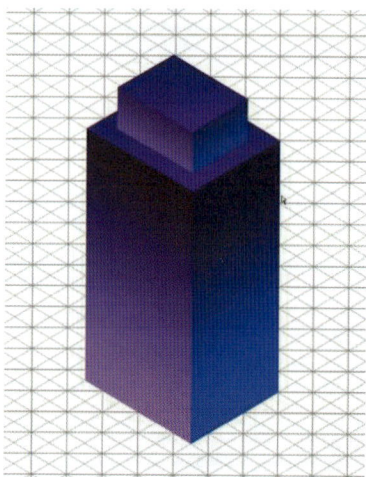

图 8-18　建筑的搭建示图 3

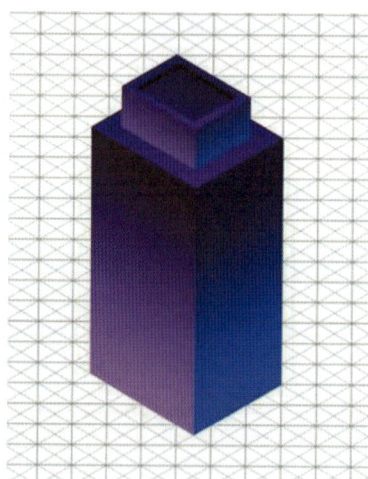

图 8-19　建筑的搭建示图 4

⑤对凹陷部分添加内阴影效果,如图 8-20 所示。

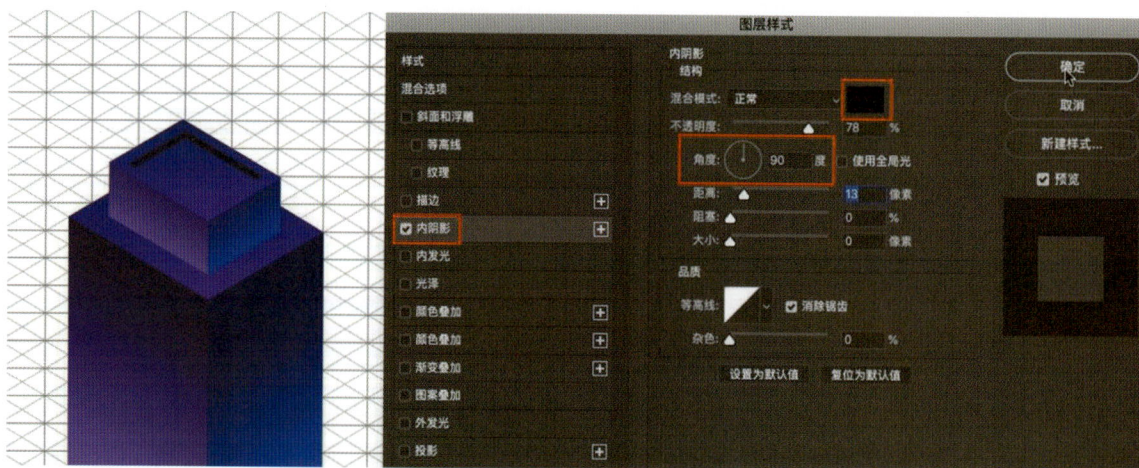

图 8-20　建筑的搭建示图 5

⑥绘制门。绘制一个矩形,调整锚点并移动至合适位置,填充亮色,添加内阴影效果,如图 8-21 所示。

⑦绘制窗户。

①绘制矩形,调整锚点并移动至合适位置,填充深色,复制多次,按一定间距放置好后调整好锚点,形成楼层

效果;在楼层内绘制一个小矩形,用于绘制窗户,如图 8-22 所示。

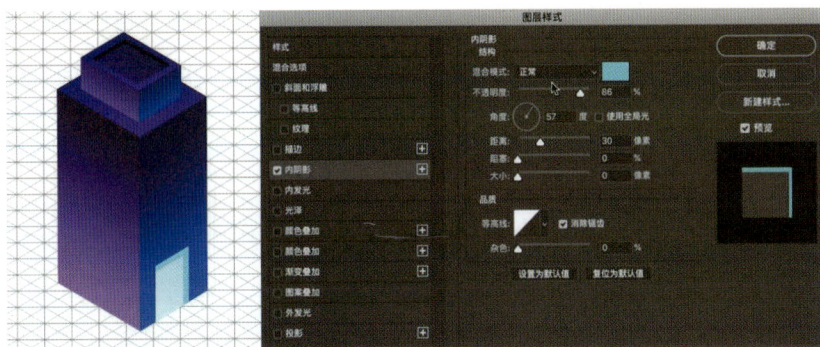

图 8-21　建筑的搭建示图 6

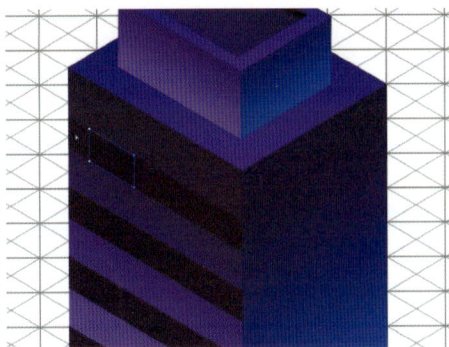

图 8-22　建筑的搭建示图 7

②对小矩形进行渐变色填充,添加反方向的内阴影,形成窗户效果。复制多个并放置在合适位置,如图 8-23 所示。

③调整窗户的颜色和内阴影效果,最终效果如图 8-24 所示。

④采用同样的方法绘制楼顶的窗户,如图 8-25 所示。

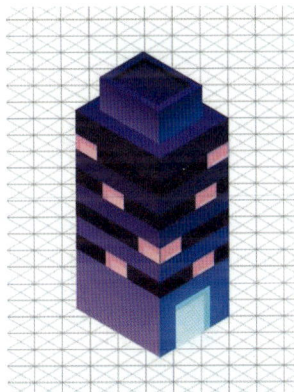

图 8-23　建筑的搭建示图 8

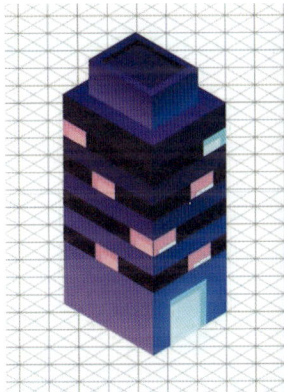

图 8-24　建筑的搭建示图 9

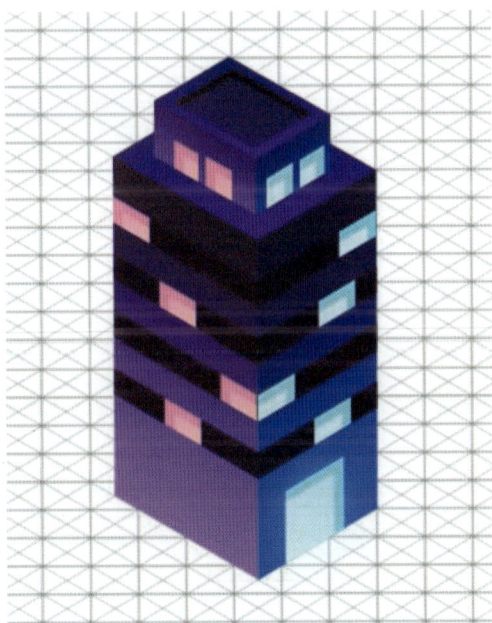

图 8-25　建筑的搭建示图 10

图 8-5 中其他元素，如小素材汽车、路灯的基本绘制方法，与建筑的搭建相同。各元素绘制好后放至合适位置，即得到图 8-5 所示的 2.5D 插画场景。

— 课后练习 —

1. 简述 2.5D 插画场景的基础知识，并设计一个简单的插画场景。

2. 列出建筑搭建的步骤，并设计一个小型建筑插画。

3. 创作一个小素材插画，并说明设计思路。

4. 选择一个插画作品，分析其色彩搭配和细节调整。

UI

UI Sheji Lilun yu Shijian

第九章

APP 数据界面设计

知识目标:了解数据类型和图表的色彩搭配,掌握案例演示的方法。

能力目标:能够设计感性化的数据图表,并通过色彩搭配提升数据的可视化效果。

素养目标:培养数据可视化能力和对信息传达的敏感性,增强对数据界面设计趋势的敏感性。

第一节　数据类型概述

图表泛指通过图形化结构直观呈现数据的可视化手段,能够有效支持知识挖掘并增强信息感知的直观性。常见的图表有以下几种。

①柱状图(图9-1):常用于比较数据之间的多少。

②折线图(图9-2):用来反映一组数据的变化趋势和它的高低情况。

③饼状图(图9-3):常用来反映相关数据间的比例关系。

④条形图(图9-4):用于显示各个项目之间的比较关系(与柱状图的作用比较类似)。

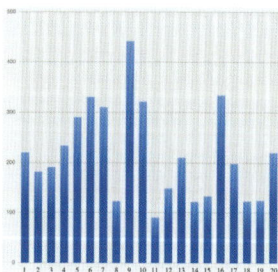　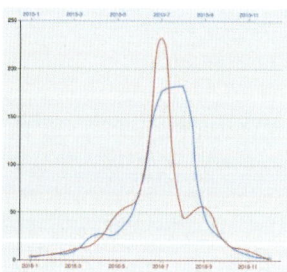　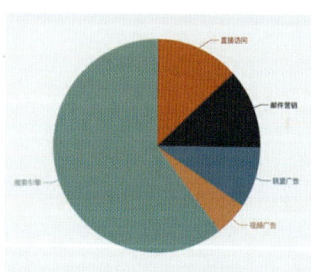　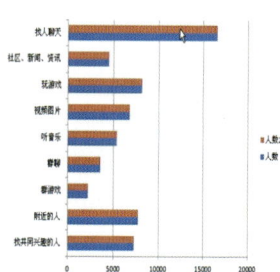

图9-1　柱状图　　　　图9-2　折线图　　　　图9-3　饼状图　　　　图9-4　条形图

⑤数据地图(图9-5):适用于有空间位置的数据集合。

⑥雷达图(图9-6):适用于多维数据。

⑦漏斗图(图9-7):适用于业务流程多时,用来做流程分析。

⑧词云(图9-8):可以显示词频,适用于生成用户画像和用户标签。

　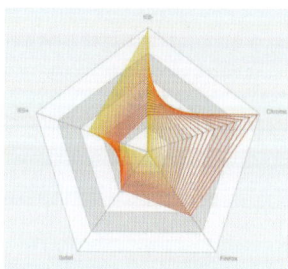　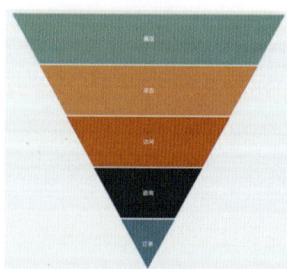　

图9-5　数据地图　　　图9-6　雷达图　　　　图9-7　漏斗图　　　　图9-8　词云

⑨散点图(图9-9):可以显示很多数据系列中各数值之间的关系,帮助人们判断两个变量之间是否存在某

种关联。

（10）面积图（图9-10）：强调数量随时间而变化的程度，用于引起人们对总值趋势的注意。

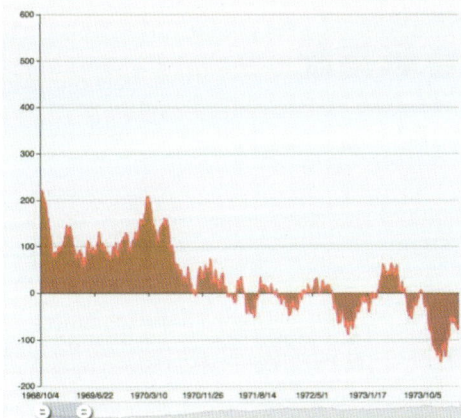

图9-9　散点图

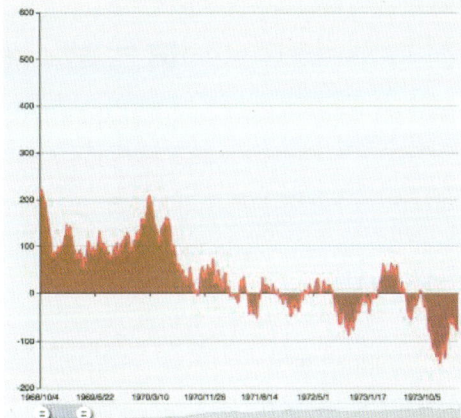

图9-10　面积图

（11）热力图（图9-11）：以高亮的形式显示人口密度，或者是降雨/降雪量。

（12）瀑布图（图9-12）：采用相对值和绝对值相结合的方式，适用于表达数个特定值之间的数量变化关系，最终展示一个累计值。

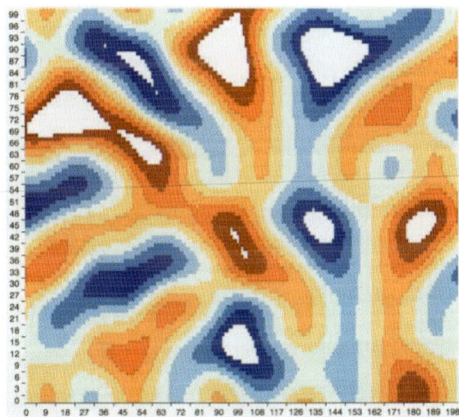

图9-11　热力图

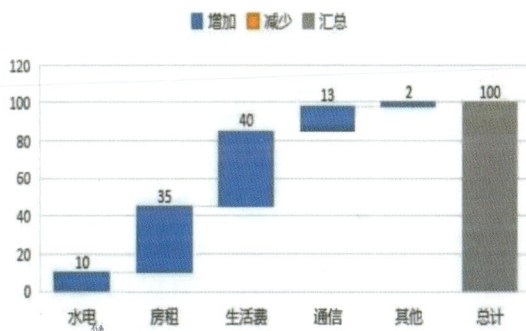

图9-12　瀑布图

（13）桑基图（图9-13）：一种特定类型的流程图，始末端的分支宽度相等，数据从始至终的流程比较清晰。

（14）双轴图（图9-14）：柱形图和折线图的结合，适用于观察数据走势、数据同环比对比等情况。

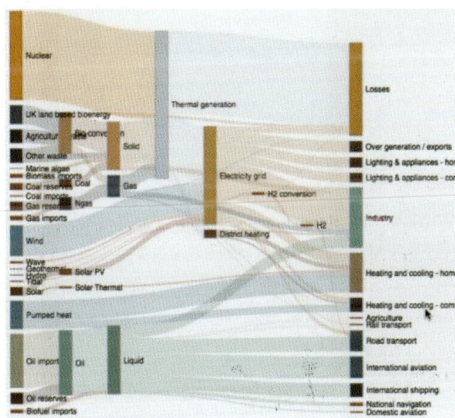

图9-13　桑基图

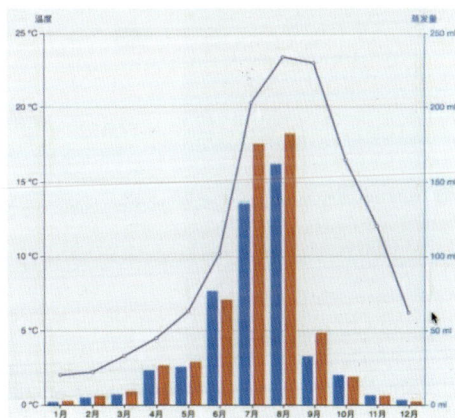

图9-14　双轴图

第二节　数据图表的色彩搭配

一、深色底

深色底上的图表通常用于营造一种氛围,展示的数据信息一般较少,此时图表可以选用浅色,这样图表中的数据信息比较清晰,如图9-15所示。

二、浅色底

如果需要清晰展示大量的数据信息,则建议选用浅色底,因为数据信息在浅色底上的识别度相对较高,如图9-16所示。

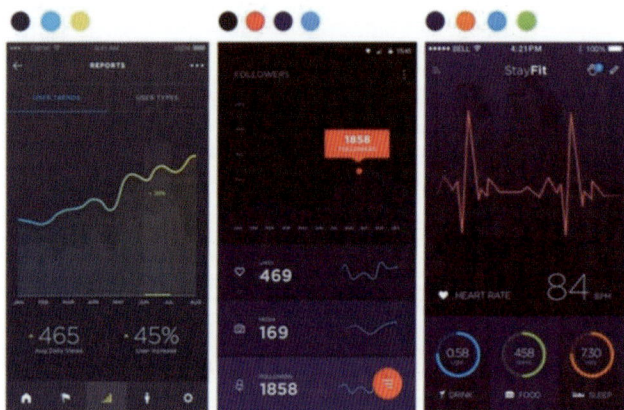

图9-15　深色底上图表的颜色搭配

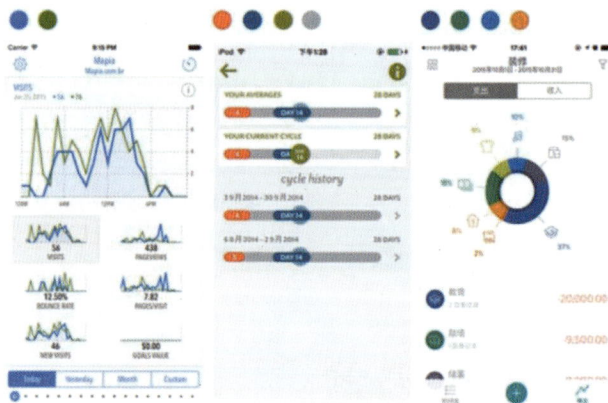

图9-16　浅色底上图表的颜色搭配

数据图表的色彩搭配示例如图9-17所示。

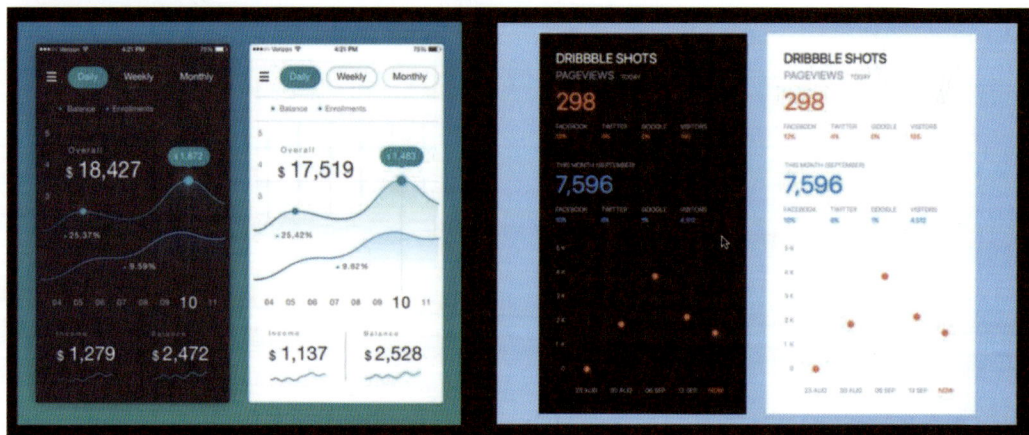

图9-17　数据图表的色彩搭配示例

第三节　案例演示

用 PS 可以制作出界面数据效果图。图 9-18 所示的界面数据效果图由三个部分组成：2018 年总学习人数、10 月份和 8 月份柱状图对比、热门课程。

以图 9-18 为例，用 PS 绘制界面数据效果图的步骤如下。

（1）新建画布，规格是 750 像素 ×1134 像素，如图 9-19 所示，分辨率为 72 像素 / 英寸，单击【创建】。

图 9-18　界面数据效果图

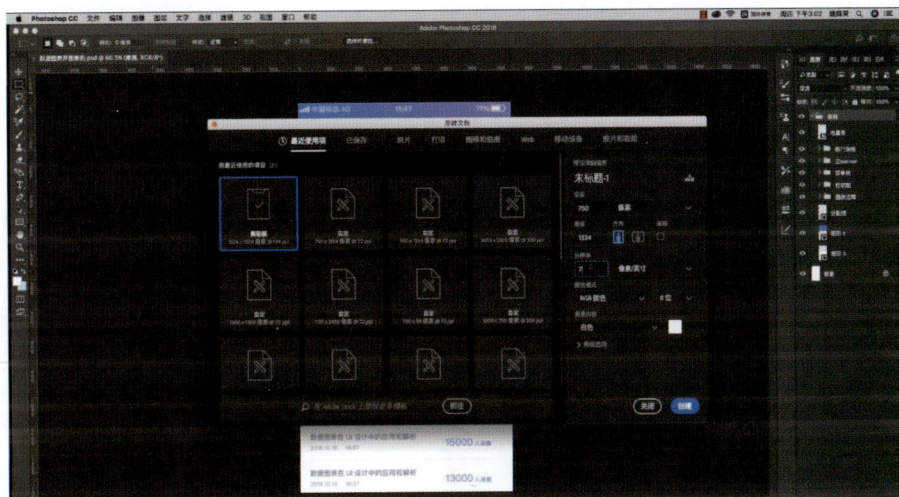

图 9-19　案例演示示图 1

（2）用参考线规范界面，左右两边各留出 30 像素，电量条高度设置为 40 像素，菜单栏高度设置为 88 像素，如图 9-20 所示。

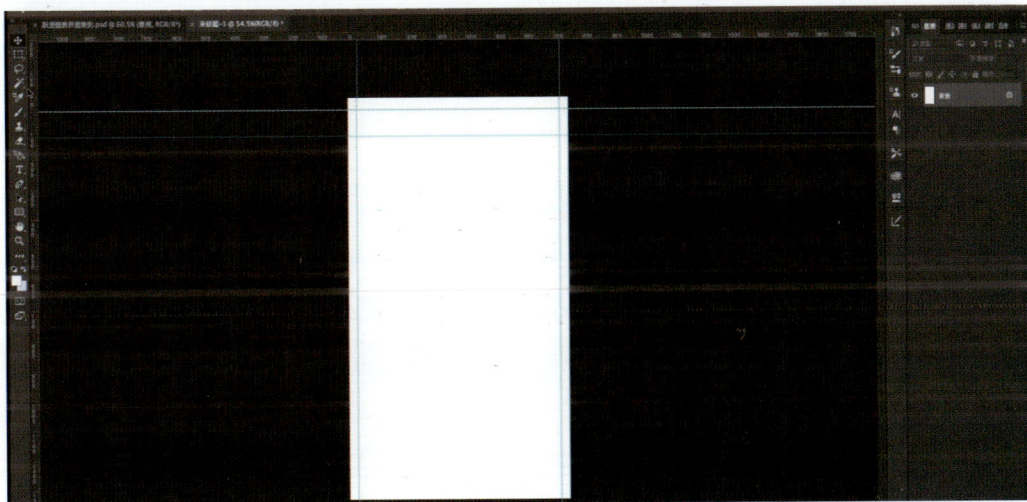

图 9-20　案例演示示图 2

（3）创建一个矩形，宽度设置为 750 像素，高度设置为 510 像素，单击【确定】，并对齐到画布，如图9-21 所示。

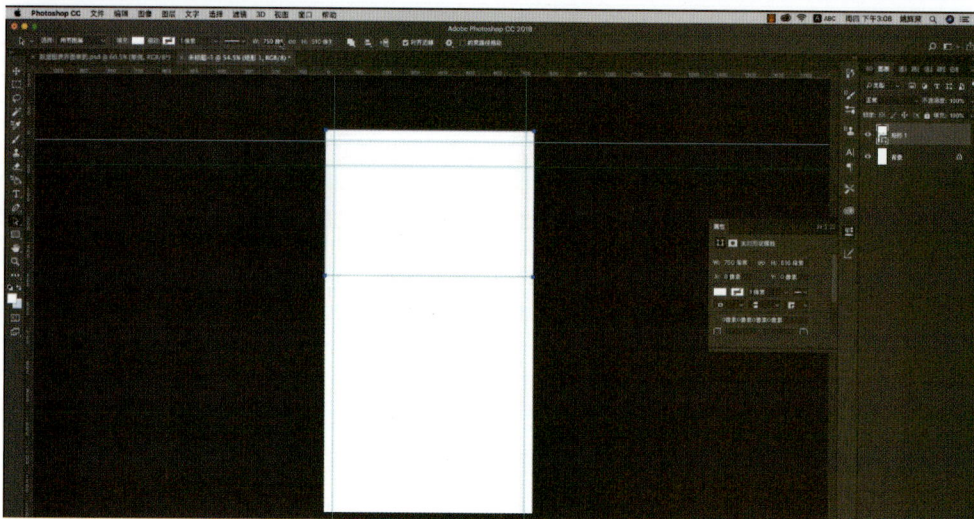

图 9-21　案例演示示图 3

（4）设置蓝紫色、45°斜向渐变，点击【确定】，如图9-22 所示。

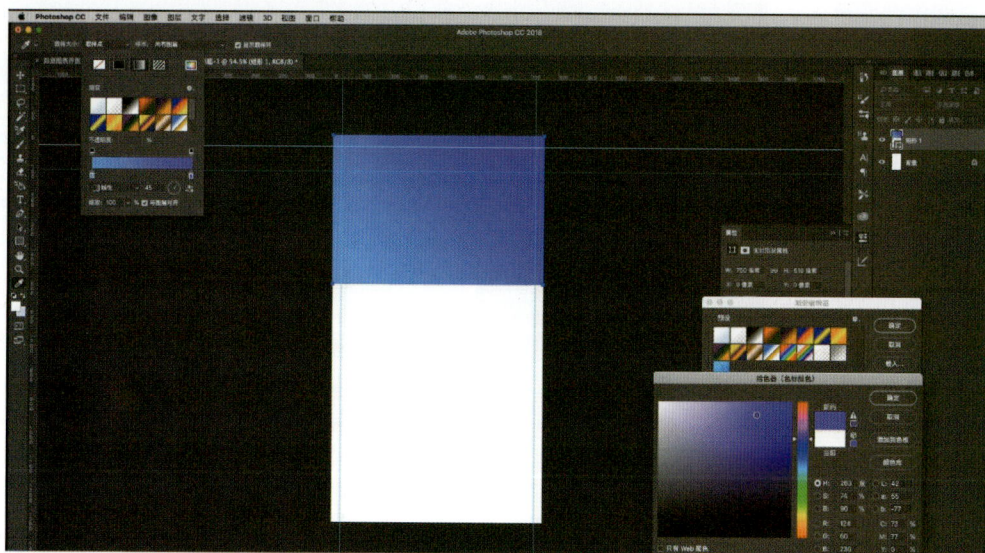

图 9-22　案例演示示图 4

⑤将电量条对齐参考线，如图 9-23 所示。

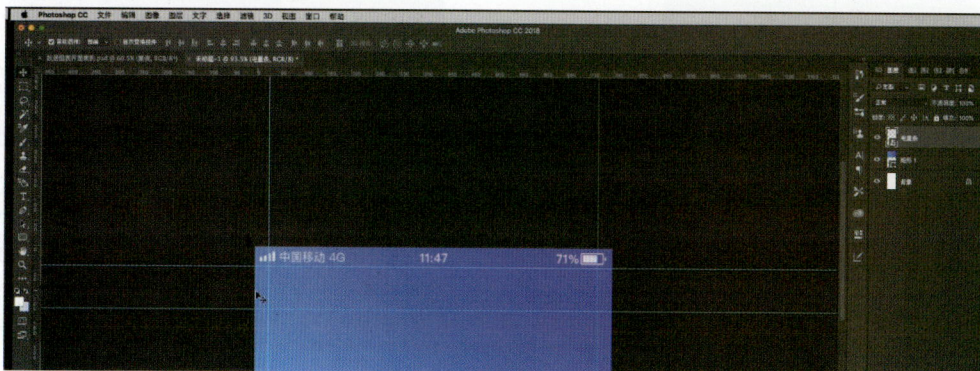

图 9-23　案例演示示图 5

⑥制作左侧的图标。先绘制一个圆角矩形，然后进行复制，调整大小，并调整至对齐参考线，如图9-24所示。

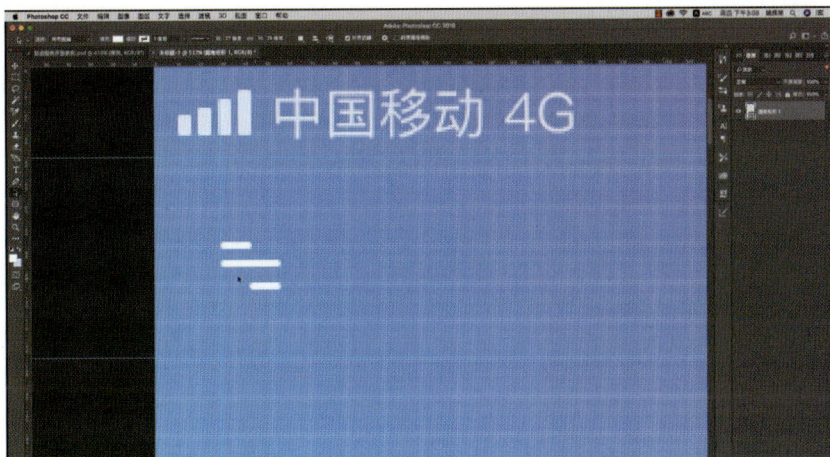

图 9-24　案例演示示图 6

⑦制作省略号下拉功能图标。先用椭圆工具绘制一个正圆，然后复制两个，接着将这三个正圆平均布置在菜单栏的右边，如图9-25所示。

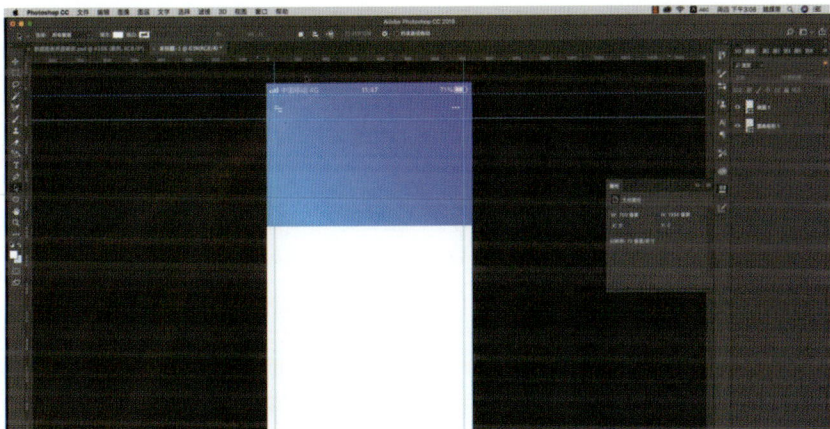

图 9-25　案例演示示图 7

⑧在菜单栏中间输入"翼狐网"三字，字体大小设置为36像素，颜色设置为白色，字体选择苹方–简字体，如图9-26所示，然后调整这三个字的位置至居中对齐界面。

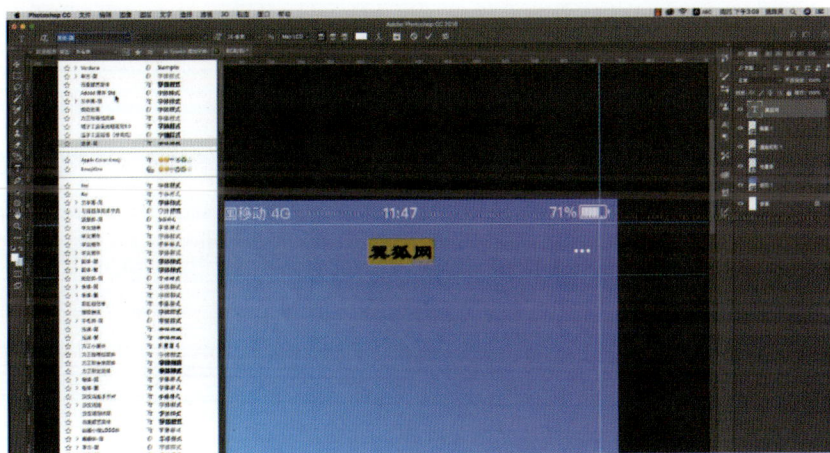

图 9-26　案例演示示图 8

⑨输入文字"2018年总学习人数",字体大小为30像素;在"2018年总学习人数"下方输入数值"999 45678",字体大小设置为60像素,如图9-27所示。

图 9-27　案例演示示图 9

（10）在数值"999 45678"后面绘制一个圆角矩形,透明度设置为40%,如图9-28所示。

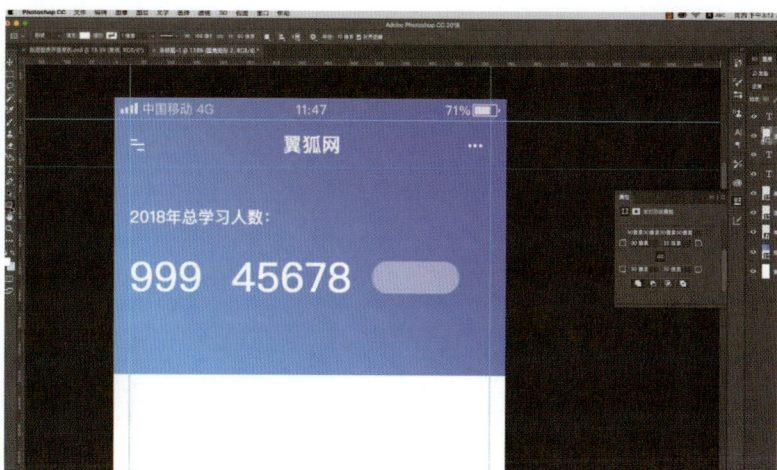

图 9-28　案例演示示图 10

（11）选择自定义工具箭头,逆时针旋转90°,调整位置,输入数字"3456",如图9-29所示。

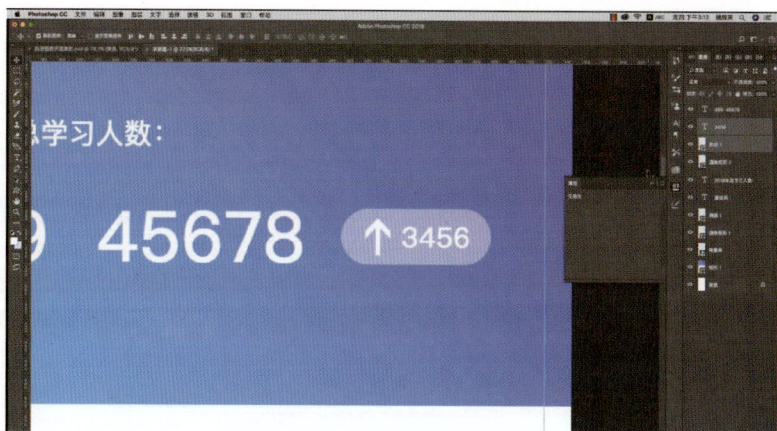

图 9-29　案例演示示图 11

（12）在数值"999 45678"下方输入文字"十月份学习人数增长3456人,并且呈持续增长的状态",字体大小设置为26像素,颜色设置为白色,透明度设置为80％,并调整好位置,如图9-30所示。

图9-30　案例演示示图12

（13）输入文字"2018-10月",颜色设置为浅色,字体大小设置为32像素,并设置文字"2018-10月"在区域中居中;用矩形工具绘制分割线,宽度为750像素,高度为1像素,并将颜色调整为浅色,如图9-31所示。

图9-31　案例演示示图13

（14）用【圆角矩形工具】绘制八月份柱状图并按宽度居中分布,调整柱形条高度,颜色设置为灰色,如图9-32所示。

图9-32　案例演示示图14

（15）绘制十月份柱状图,采用蓝紫渐变色,并调整柱状条高度,如图9-33所示。

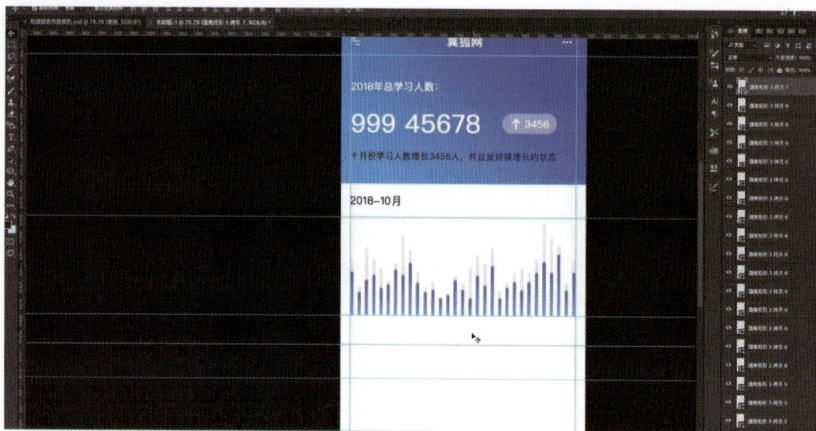

图9-33　案例演示示图15

（16）输入刻度，并调整刻度的大小和位置。在柱状图下方用矩形工具绘制分割线，高度为1像素，宽度为750像素，并调整分割线的位置和颜色，如图9-34所示。

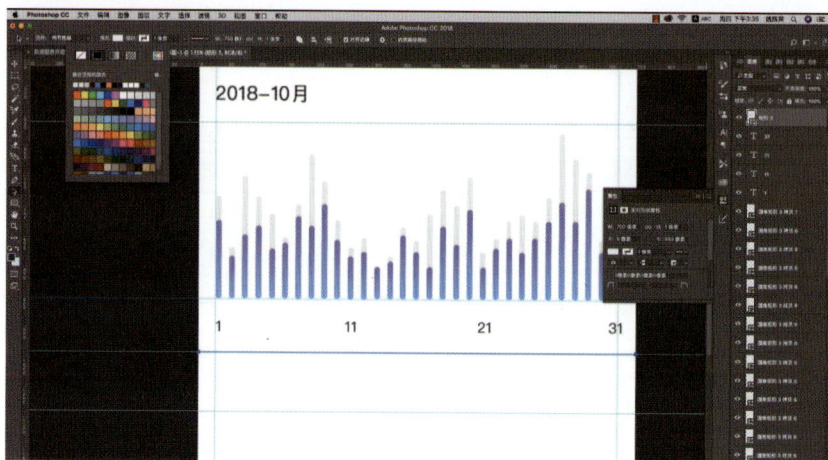

图9-34　案例演示示图16

（17）在图表右上方绘制图例，并调整图例的位置和大小，如图9-35所示。

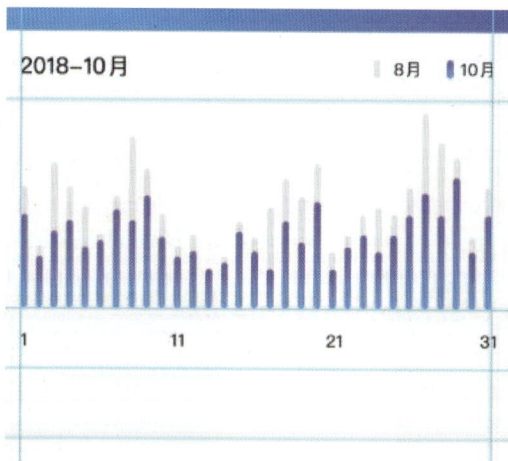

图9-35　案例演示示图17

（18）输入热门课程。在参考线下方输入文字"数据图表在UI设计中的应用与解析"，并调整字体大小和位置；在"数据图表在UI设计中的应用与解析"下方输入日期与时间，字体大小设置为20像素，透明度设置为50%，如图 9-36 所示。

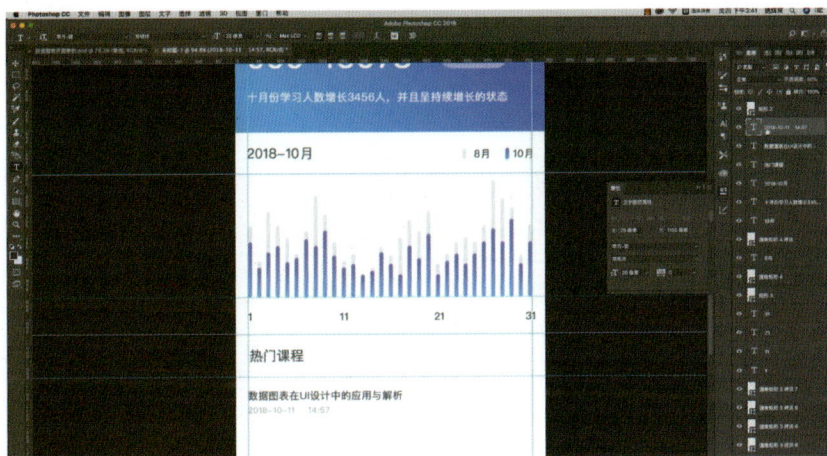

图 9-36　案例演示示图 18

（19）输入总学习人数，将数值字体调大一些，并调整数值的位置，修改字体颜色以区别其他文字信息，如图 9-37 所示。

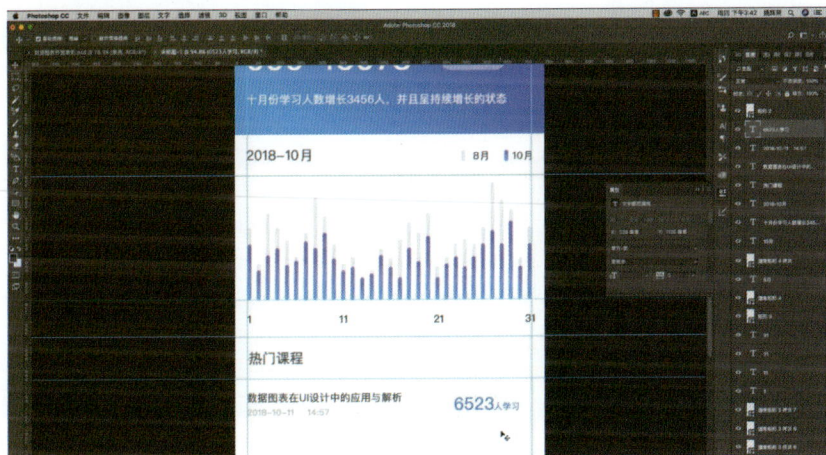

图 9-37　案例演示示图 19

（20）复制上一步的课程标题，修改学习人数，并将透明度调整为 80％；在两个课程之间绘制一条宽度为 650 像素、高度为 1 像素的分割线，并调整分割线的颜色和位置，如图 9-38 所示。

图 9-38　案例演示示图 20

（21）重复步骤（20），制作第三个课程，复制分割线并将其置入第二个课程和第三个课程之间，调整好分割线的位置。

（22）关闭参考线，最终效果如图 9-39 所示。

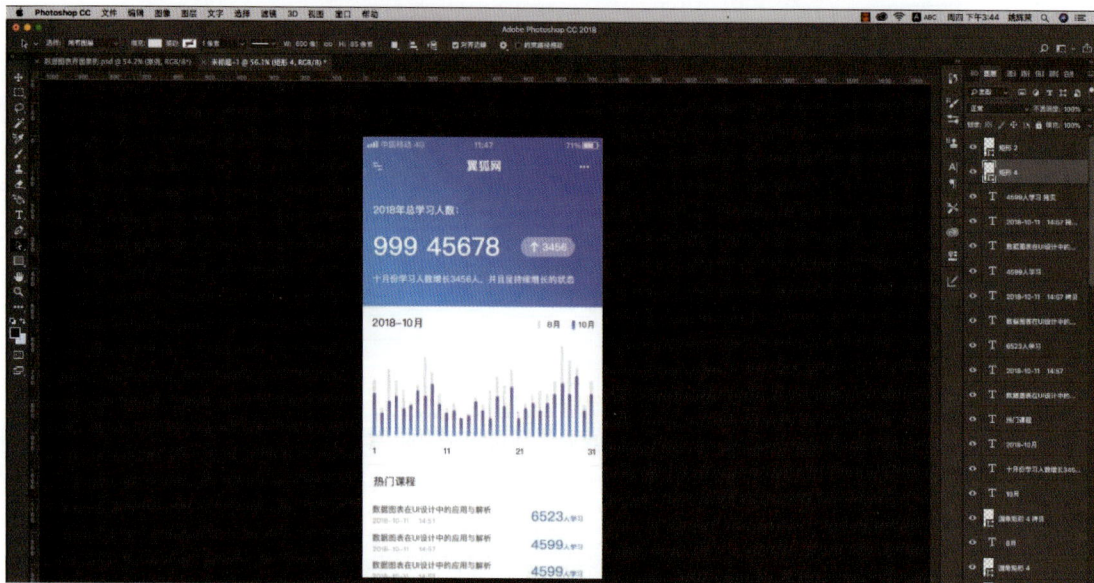

图 9-39　案例演示示图 21

— 课后练习 —

1. 简述数据类型的基本知识，并设计一个简单的数据图表。

2. 列出数据图表的色彩搭配原则，并分析一个成功的数据图表设计。

3. 应用本章所学的设计技巧，设计一个数据图表。

4. 选择一个应用程序，分析其数据界面设计的优缺点。

UI

UI Sheji Lilun yu Shijian

第十章

2.5D 天猫插画——从元素色彩搭配到场景搭建

知识目标：掌握插画构图、元素绘制和场景搭建知识，理解调整细节的方法。

能力目标：能够设计完整的2.5D插画，并通过色彩搭配和细节调整提升插画的视觉效果。

素养目标：培养对色彩搭配和整体视觉效果的敏感度，增强对2.5D插画设计趋势的理解。

第一节　插画的构图与元素的绘制

本章讲解如何制作一个中高难度的2.5D天猫插画。这一次的插画内容学习对于基础较弱的同学来说或许会比较难，建议基础较弱的同学自行学习一些基础课程，并熟悉一下AI软件的应用。

本章的案例效果图如图10-1所示。本案例效果图是针对"双11"绘制的，设计思路是：将天猫头当作主题进行展示，再添加上"双11"文字的表述。

一般情况下，设计师在设计"双11"插画时倾向于采用热闹繁华的购物场进行表现，而本章所展示的2.5D天猫插画，采用的是较为宁静的设计风格，它利用树木等进行装饰，产生别具一格的效果。另外，它利用礼物盒代替快递盒，表示除了购买的产品，还有一大波礼物在等待着大家。

该案例对元素的把控做得比较好，并没有运用太多的元素，看起来让人觉得比较舒服。可见，绘制2.5D插画，对元素的把控很重要。

主题确定好后，就可以进行元素的绘制了。图10-2展示了案例中的九个元素，这九个元素也是本案例中主要的元素。

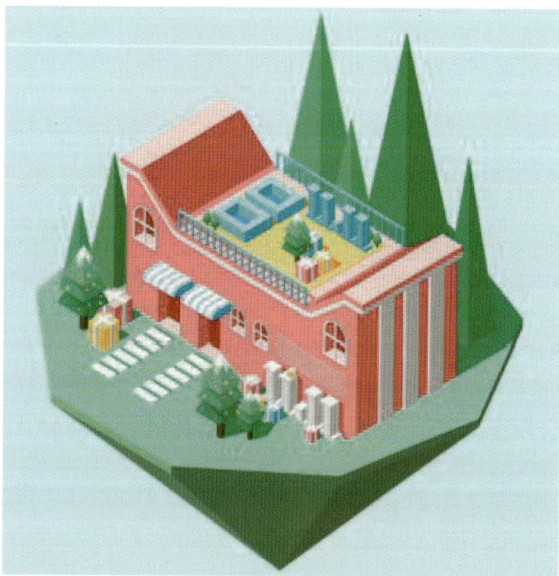

图10-1　2.5D天猫插画

图10-2　案例中的九个主要元素

除了这九个元素，案例中加入了其他一些装饰点，如天猫头上添加了一些横杠、树上适当添加了一些彩球。这些都属于多加的一些元素效果。加入更多的元素，主要是为了让插画丰富一些。

本节课的重点就是这九个元素的绘制，需要把它们完整地制作出来。

一、天猫头绘制

天猫头（图10-3）的绘制步骤如下。

图10-3　天猫头

（1）绘制一个矩形（图10-4），在该矩形的上方绘制出一个小小的矩形（图10-5）。

图10-4　天猫头绘制示图1

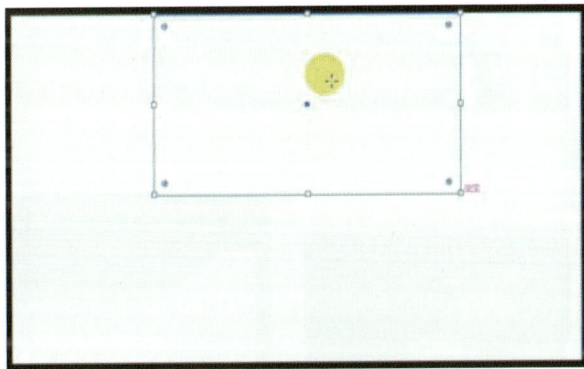

图10-5　天猫头绘制示图2

（2）将两个矩形同时选中，在上方的属性栏选择【垂直居中】，将两个矩形垂直居中放置；也可以通过右侧的属性窗口将两矩形垂直居中放置，如图10-6所示。

（3）两矩形垂直居中后，在右侧属性窗口单击【路径查找器】下的【联集】（图10-7）对两矩形进行联集处理，这时选择小白工具会发现上方会多出来两个锚点，同时选中这两个锚点并将它们统一向下移动，整个天猫头就呈现出来了，如图10-8所示。

（4）倒角。选择拖动锚点附近的选择点，可对整个图形进行倒圆角绘制，如图10-9所示。

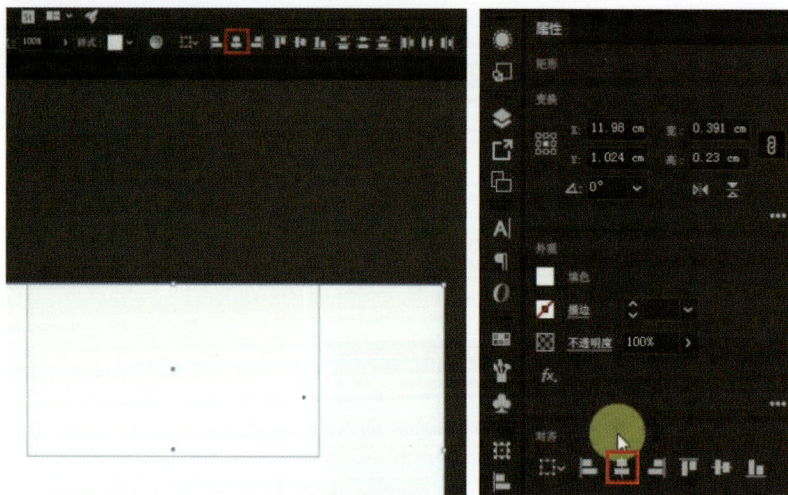

图 10-6　天猫头绘制示图 3

图 10-7　天猫头绘制示图 4

图 10-8　天猫头绘制示图 5

图 10-9　天猫头绘制示图 6

　　案例中选用的是倒边角的形式,这种倒角形式比较有利于后期对整体效果的制作。倒边角的具体做法是:选择画好的图形,在上方的属性栏选择【边角】(图 10-10),单击选择倒边角形式。

　　(5)选中天猫头上方斜切面的锚点,单击【顶端对齐】,如图 10-11 所示;顶端对齐之后,先单击【平滑锚点】,再单击【尖突锚点】,如图 10-12 所示。

　　至此,天猫头的轮廓就制作好了,下面对图形进行适当调整。

图 10-10　天猫头绘制示图 7

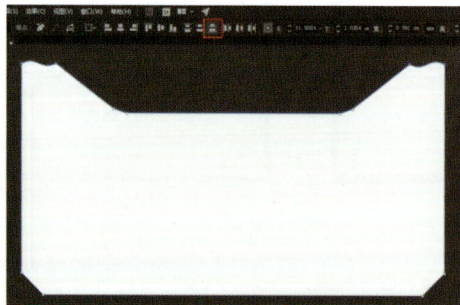

图 10-11　天猫头绘制示图 8

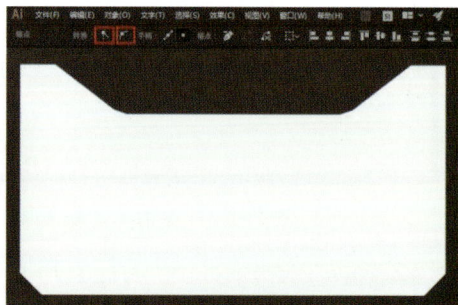

图 10-12　天猫头绘制示图 9

　　(6)选择【效果】→【3D】→【凸出和斜角】,如图 10-13 所示,在弹出的对话框中勾选【预览】复选框,如图 10-14 所示。

　　(7)单击【离轴 - 前方】,选择【等角 - 左方】,将【凸出厚度】改小,如改为"5 pt",单击【确定】,如图 10-15 所示。

　　这样,天猫头做好了。

（9）在天猫头的上方添加两个类似于屋檐的效果，如图 10-16 所示。

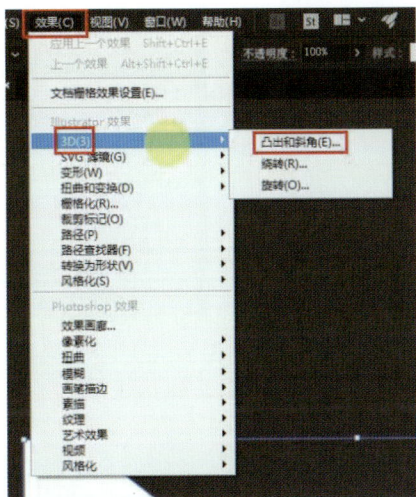

图 10-13　天猫头绘制示图 10

图 10-14　天猫头绘制示图 11

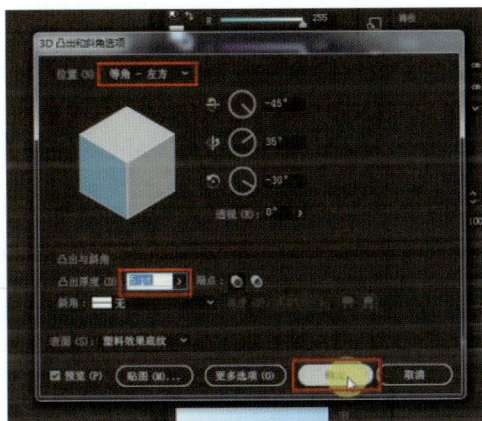

图 10-15　天猫头绘制示图 12

图 10-16　天猫头绘制示图 13

（10）选择刚才绘制好的图形，按住 Alt 键进行复制，然后选择下方的锚点，按 Delete 键删除下面的两个锚点，选择剩下的上方部分，选择它左右端的两个锚点（图 10-17），利用【比例缩放工具】进行拉长，如图 10-18 所示。

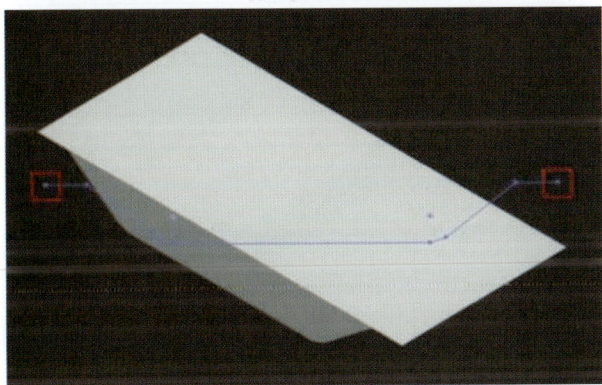

图 10-17　天猫头绘制示图 14

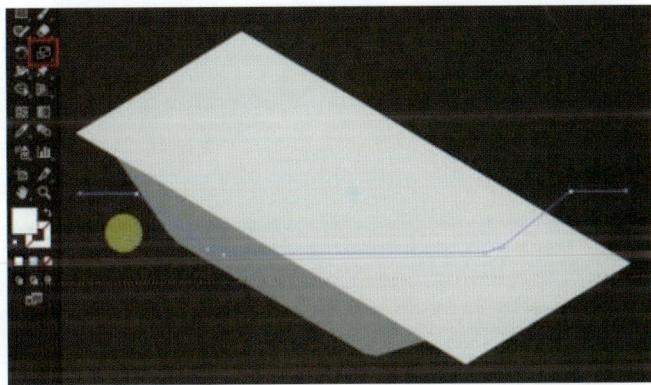

图 10-18　天猫头绘制示图 15

（11）单击【填充】与【描边】，单击【互换工具】，设置描边的粗细值为 0.25 pt，如图 10-19 所示。

（12）选中屋檐，单击【对象】→【扩展外观】，如图 10-20 所示。

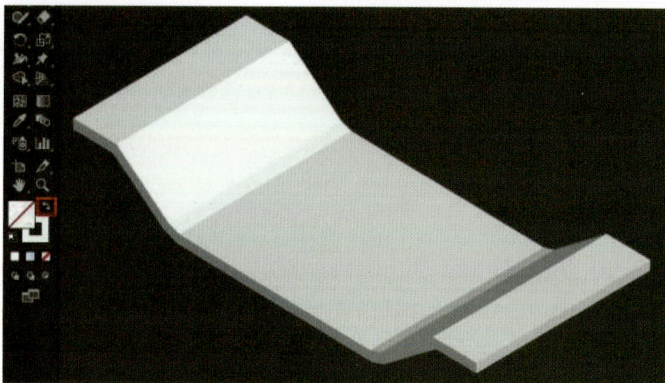

图 10-19 天猫头绘制示图 16

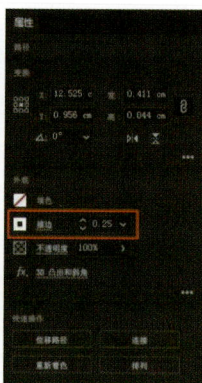

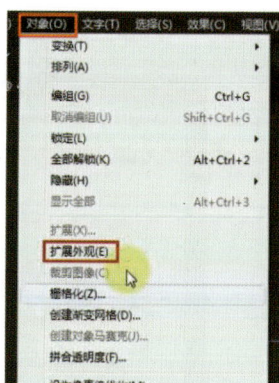

图 10-20 天猫头绘制示图 17

（13）选择正面（图 10-21），双击【拾色器】，调整好主颜色，如图 10-22 所示。

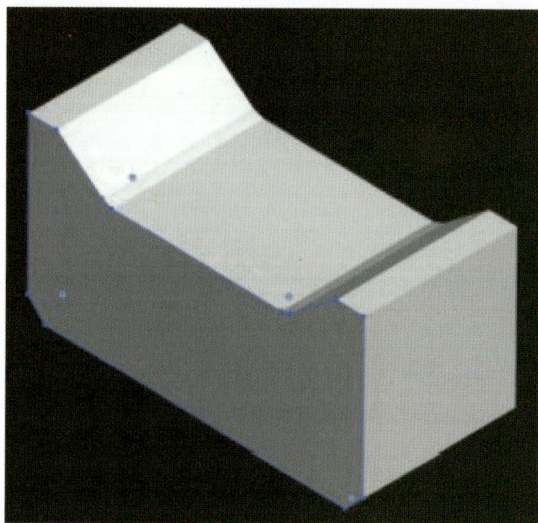

图 10-21 天猫头绘制示图 18

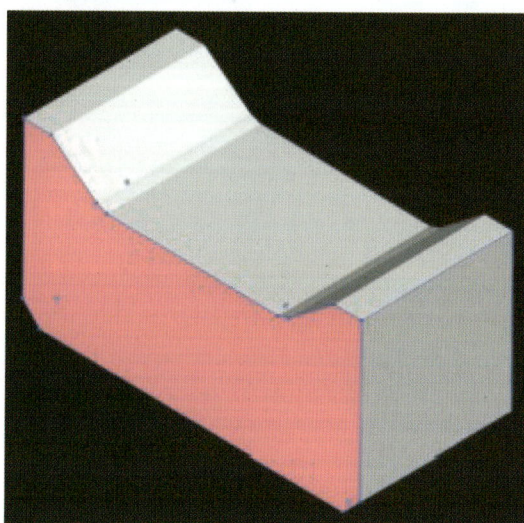

图 10-22 天猫头绘制示图 19

（14）调整副颜色，采用【滴管工具】滴取正面的颜色，双击【拾色器】，在正面颜色的基础上进行加深和提亮处理，效果如图 10-23 所示。

（15）对顶面的颜色同样进行提亮处理，最终效果如图 10-24 所示。

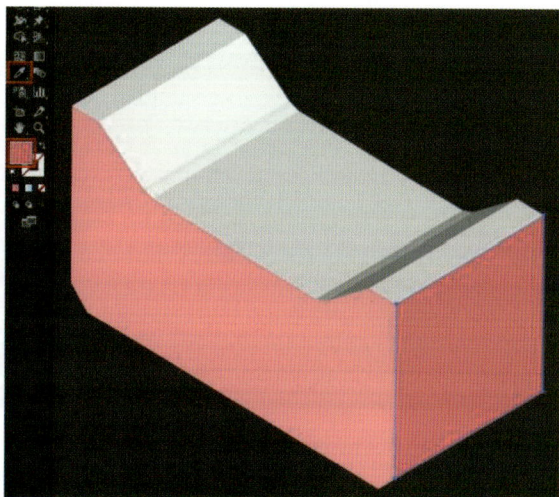

图 10-23 天猫头绘制示图 20

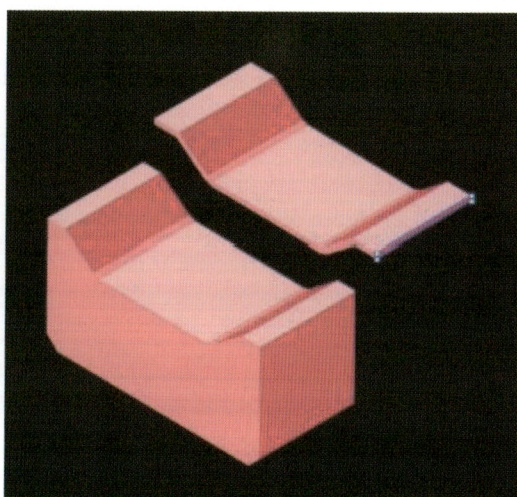

图 10-24 天猫头绘制示图 21

（16）选择绘制好的屋檐，垂直向下复制该屋檐，然后选中复制得到的屋檐，将它置于底层。

（17）对屋檐进行颜色填充（图 10-25、图 10-26），然后将两个屋檐进行编组。

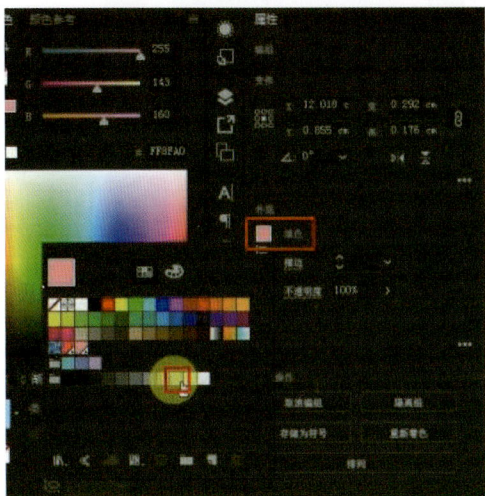

图 10-25　天猫头绘制示图 22

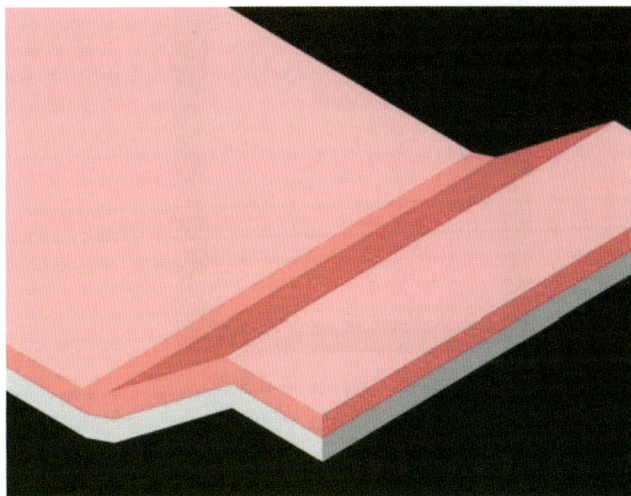

图 10-26　天猫头绘制示图 23

（18）选择编好组的屋檐，将其放置到已经绘制好的天猫头上方，如图 10-27 所示。

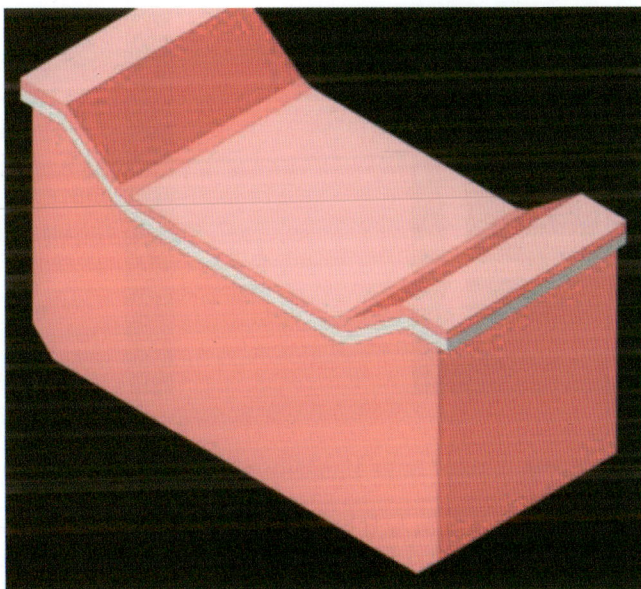

图 10-27　天猫头绘制示图 24

至此，天猫头绘制完成。

二、窗户、门绘制

（一）窗户绘制

（1）绘制一个矩形，填充纯白色，利用小白工具选择该矩形上部的两个锚点，拖拽绘制出圆角，如图 10-28 所示。

（2）复制图 10-28 中的图形，将复制得到的图形进行反向，让它只有轮廓，如图 10-29 所示，然后将它的描边粗细值调小，如设置为 0.5 像素。

图 10-28　窗户绘制示图 1

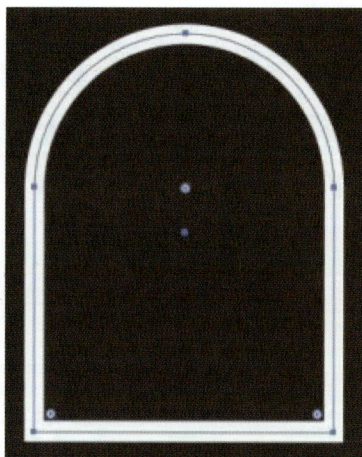

图 10-29　窗户绘制示图 2

③利用【直线段工具】在该图形中间加入门窗效果,如图 10-30 所示。

④选中绘制好的窗户,选择【对象】→【扩展】进行扩展,如图 10-31 所示。

图 10-30　窗户绘制示图 3

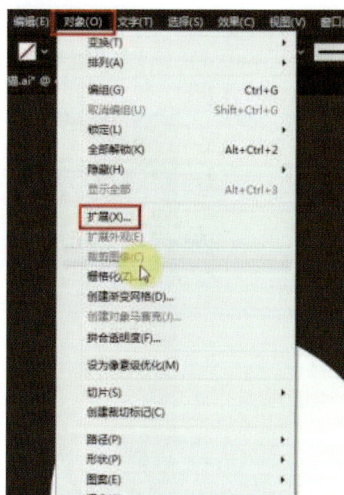

图 10-31　窗户绘制示图 4

⑤单击右侧属性窗口【路径查找器】中的【联集】对图形进行联集处理。

⑥对窗户添加 3D 效果,【凸出厚度】可设置为 0.5 pt,如图 10-32 所示。

⑦对图 10-28 添加 3D 效果,【凸出厚度】可设置为 4 pt,如图 10-33 所示。

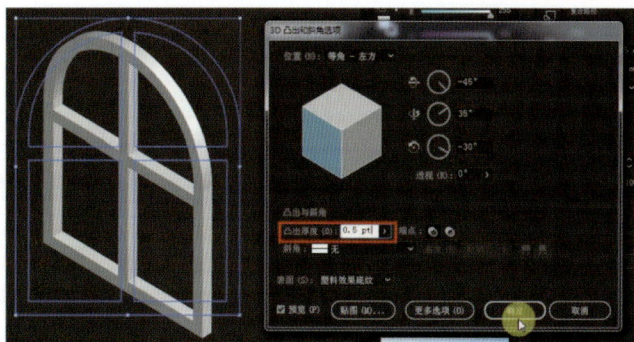

图 10-32　窗户绘制示图 5

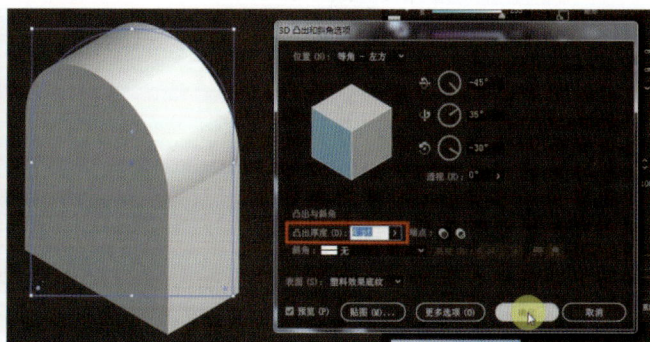

图 10-33　窗户绘制示图 6

⑧反向,让它只有轮廓,同时将轮廓描边调细一点,如图 10-34 所示。

（9）选中全部图形，单击【对象】→【扩展外观】。

（10）用鼠标右键单击其中一个块面，在弹出的菜单中选择【取消编组】，如图10-35所示。

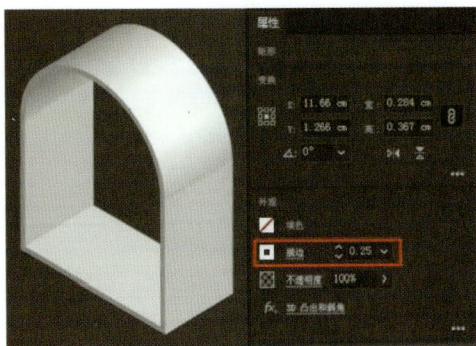

图10-34　窗户绘制示图7

图10-35　窗户绘制示图8

（11）取消编组后，选中并删除不需要的部分，如图10-36所示。

（12）选择中间部分，右击鼠标，在弹出的菜单中选择【取消编组】；再选择中间部分，右击鼠标，在弹出的菜单中选择【释放复合路径】，如图10-37所示，便会得到如图10-38所示的效果。

（13）选择刚才释放复合路径之后的中间部分，将其置于底层；然后选择左边的这两个面，如图10-39所示，进行联集处理。

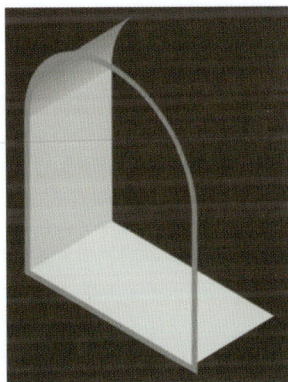

图10-36　窗户绘制示图9

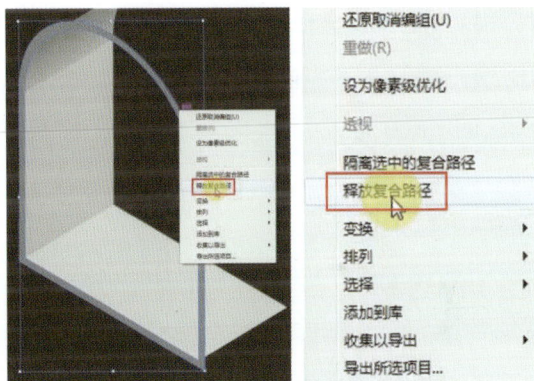

图10-37　窗户绘制示图10

图10-38　窗户绘制示图11

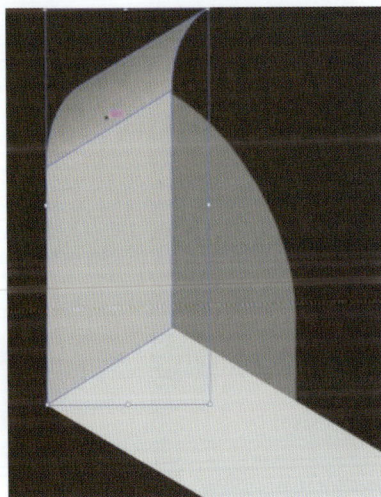

图10-39　窗户绘制示图12

（14）选择中间部分，复制一层，并将其置于顶层；然后将整个图形选中，按 Ctrl 键和 7 键创建剪贴蒙版，这样窗户内部就绘制完成了，如图 10-40 所示。

（15）选中作为窗户外部框架的部分，右击鼠标，在弹出的菜单中选择【取消编组】；将右边的三个块面进行联集处理，使其成为一个整体，如图 10-41 所示。

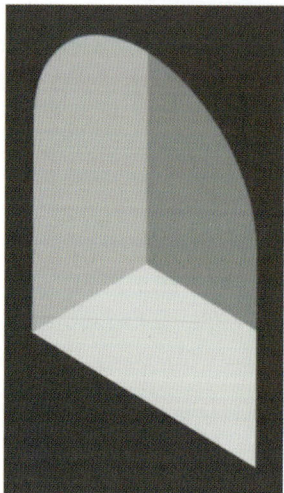

图 10-40　窗户绘制示图 13

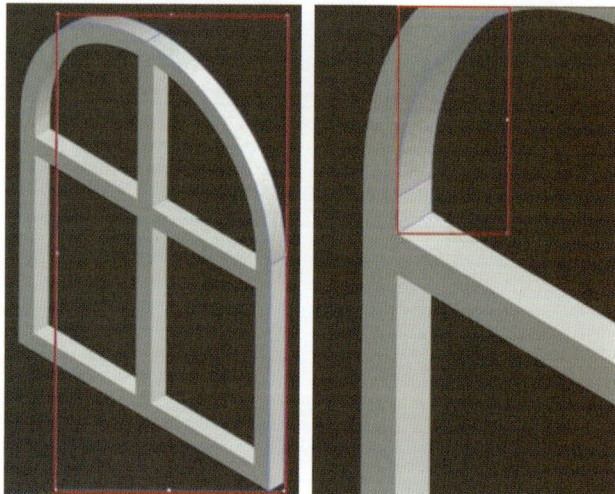

图 10-41　窗户绘制示图 14

（16）将该整体拖至另一个图案上面，然后将其置于顶层。

（17）填充窗户内部颜色，效果如图 10-42 所示。

（18）填充窗户外部框架的颜色，如图 10-43 所示。

至此，窗户就绘制完成了。

这时，可以将绘制好的窗户的两个部分全部选上，按 Ctrl 键和 G 键进行编组，然后将它缩小，放置在天猫头的一个屋檐下方。

（二）门绘制

关于门，可以通过选择窗户内部图形复制一份出来做相应调整完成绘制。具体做法是：利用小白工具框选窗户内部图形，选择下部分的锚点，然后拖拽拉长，门就绘制好了，如图 10-44 所示。

图 10-42　窗户绘制示图 15

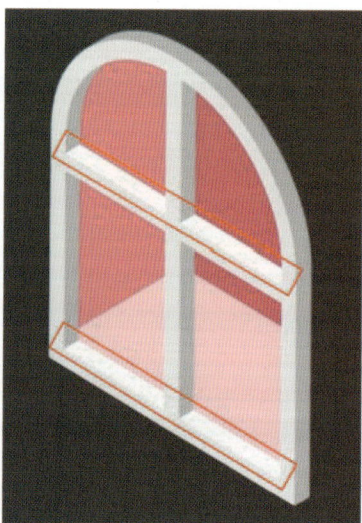

图 10-43　窗户绘制示图 16

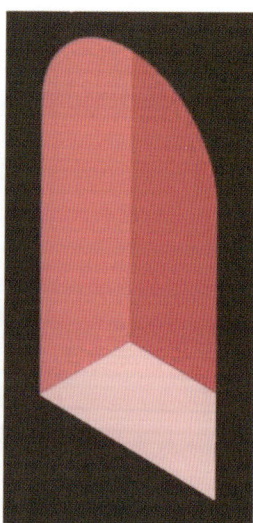

图 10-44　门

第二节　其余元素的绘制

一、遮雨篷绘制

（1）绘制一个大致矩形，用小白工具选择矩形左上角的锚点并进行拖拽，结果如图10-45所示。

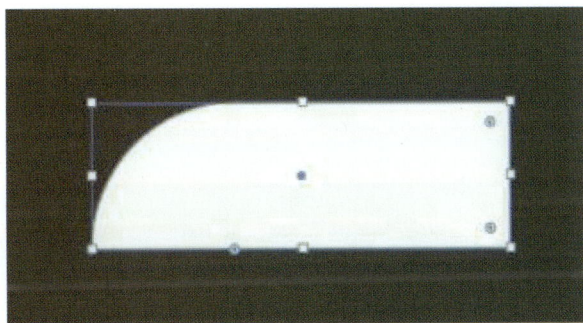

图10-45　遮雨篷绘制示图1

（2）选择【效果】→【3D】→【凸出和斜角】，勾选【预览】复选框，根据天猫头的朝向角度，【位置】选择【等角－右方】，调整【凸出厚度】，单击【确定】，如图10-46所示。

图10-46　遮雨篷绘制示图2

（3）选中全部图形，选择【对象】→【扩展外观】，然后右击鼠标，在弹出的菜单中选择【取消编组】；接着选中上侧和左侧这两块面，对这两块面进行联集处理。

（4）将右侧剩下的块面复制一份，然后用小白工具删除掉右下角的锚点，如图10-47所示。

（5）将图形反向，并填充纯白色，对图形两头进行倒圆角处理，如图10-48所示；然后将该图形放置在另一个图形上方，使得能够出现横线的纹理。

图10-47　遮雨篷绘制示图3

⑥对纹理下方进行颜色填充,颜色选取偏青色,图形右侧块面的颜色可稍深,如图10-49所示。

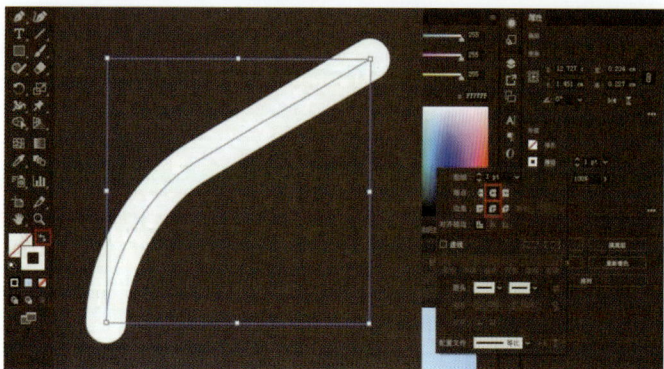

图 10-48　遮雨篷绘制示图 4

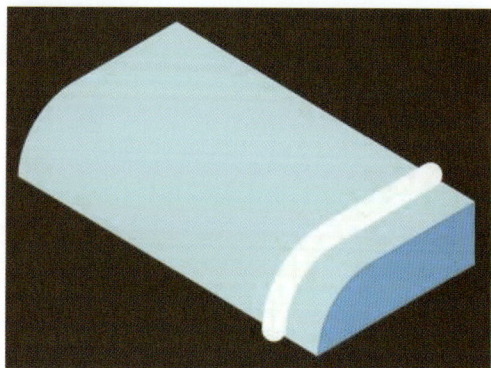

图 10-49　遮雨篷绘制示图 5

⑦将前面绘制好的横线纹理进行复制,再将两横线纹理同时选中并拖离。

⑧单击【混合工具】,给两横线纹理添加混合效果。这时横线纹理的条数与案例效果不同,解决办法是:双击【混合工具】,在弹出的窗口中勾选【预览】复选框,将【间距】改为【指定的步数】,数值设置为"3",然后单击【确定】,如图10-50所示。

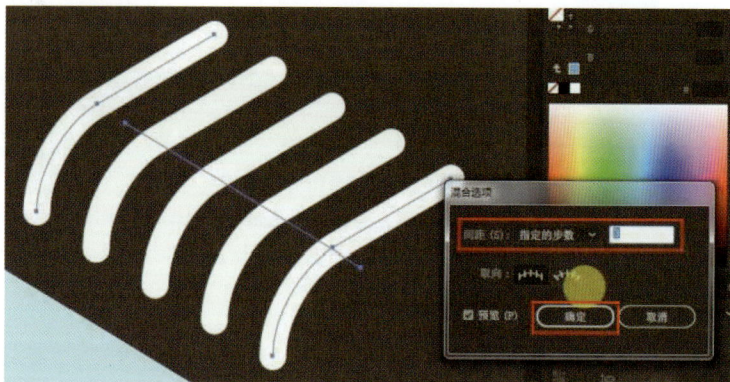

图 10-50　遮雨篷绘制示图 6

⑨将横线纹理放置到图形上方。

⑩选择底部的图形,复制一层,然后将其置于顶层,接着将两图形全部选中,按Ctrl键和7键创建剪贴蒙版,按Ctrl键和G键进行编组并整体缩小,遮雨篷便制作完成了,如图10-51所示。

⑪将绘制好的遮雨篷拖拽到前面绘制好的天猫头上,并调整好大小和位置,效果如图10-52所示。

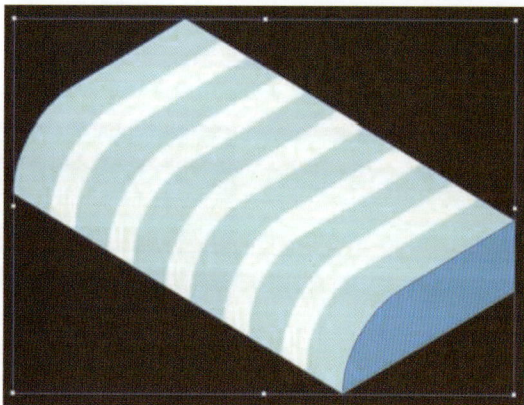

图 10-51　遮雨篷绘制示图 7

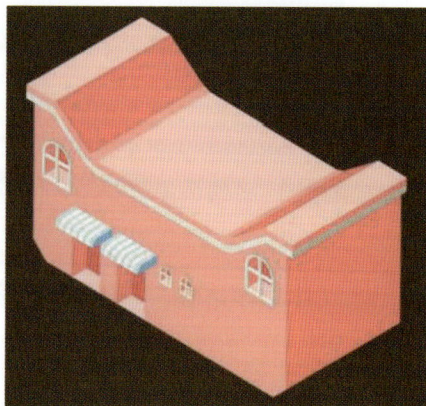

图 10-52　遮雨篷绘制示图 8

二、"11.11"绘制

(1)选择【文字工具】,输入"11.11",字体可选用造字工房力黑常规体,然后选择【对象】→【扩展】,填充白色,效果如图 10-53 所示。

图 10-53　"11.11"绘制示图 1

(2)选中"11.11",选择【效果】→【3D】→【凸出和斜角】,勾选【预览】复选框,【位置】选择【等角 – 左方】,设置【凸出厚度】,单击【确定】,如图 10-54 所示。

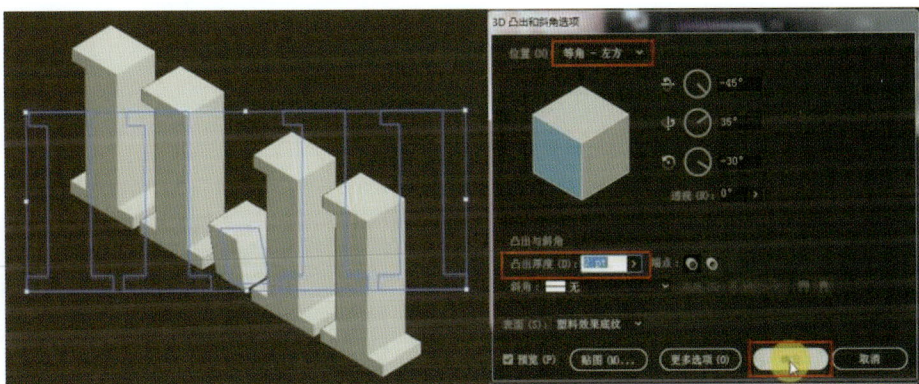

图 10-54　"11.11"绘制示图 2

(3)选择【对象】→【扩展外观】,然后填充颜色,效果如图 10-55 所示。

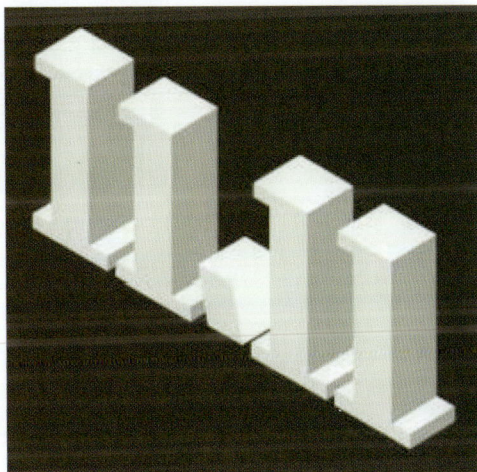

图 10-55　"11.11"绘制示图 3

(4)绘制"11.11"上的装饰线条,相关操作如图 10-56 所示。

图 10-56　"11.11"绘制示图 4

⑤对装饰线条进行填色,如图 10-57 所示。

⑥从案例效果图中可以看到,除了天猫头前面有"11.11"外,在屋顶上也有"11.11",只是颜色略微不同。它的颜色跟遮雨篷的颜色一致,因此可以将绘制好的"11.11"复制出一份,对复制得到的"11.11",使用【滴管工具】滴取遮雨篷上的颜色,进行填充并稍作调整,效果如图 10-58 所示。

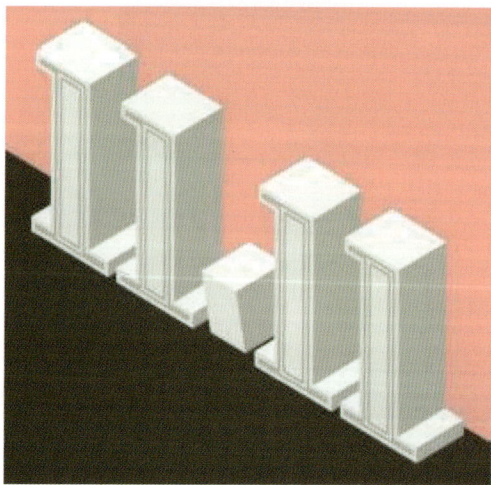

图 10-57　"11.11"绘制示图 5

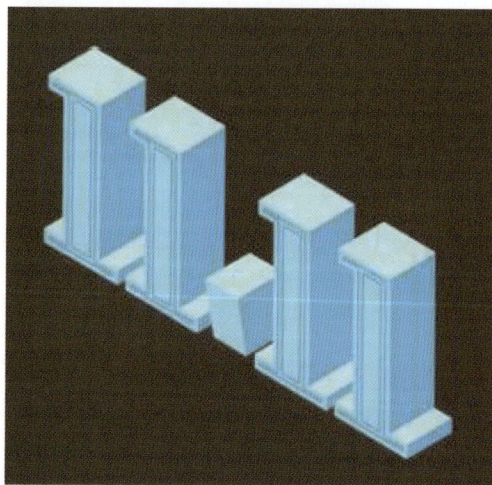

图 10-58　"11.11"绘制示图 6

⑦将绘制好的两个"11.11"放置在对应位置。

三、栏杆、装饰横条绘制

（一）栏杆绘制

①绘制出一个长条状的矩形。

②选择【效果】→【3D】→【凸出和斜角】,勾选【预览】复选框,【位置】选择【等角－左方】,调整【凸出厚度】,单击【确定】,如图 10-59 所示。

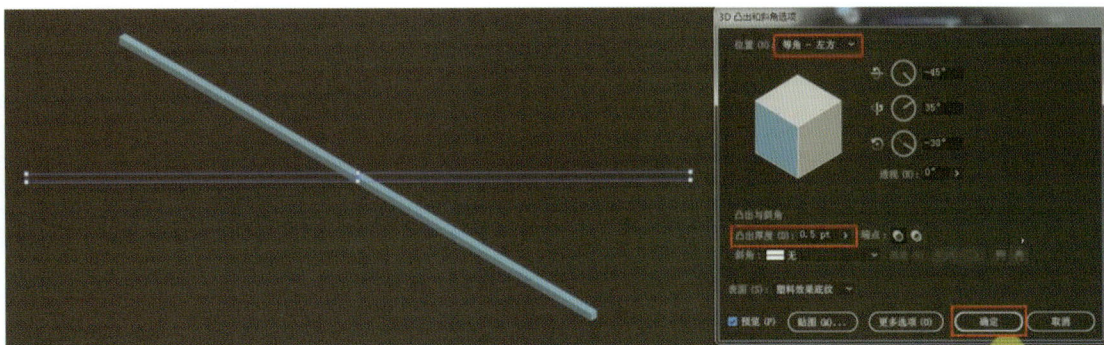

图 10-59　栏杆绘制示图 1

（3）再绘制一个矩形，选择【效果】→【3D】→【凸出和斜角】，勾选【预览】复选框，【位置】选择【等角－上方】，调整【凸出厚度】，单击【确定】。

（4）选中绘制好的两个图形，选择【对象】→【扩展外观】，填充颜色。

（5）将朝上的栏杆放置在另一根栏杆的端点处，并将它放置在底层；复制一根栏杆并放置在另一端，也将它放置底层，效果如图 10-60 所示。

（6）选择【混合工具】，先单击左右两边朝上的栏杆，再双击【混合工具】，勾选【预览】复选框，【间距】改为【指定的步数】，数值设置为"15"，单击【确定】，结果如图 10-61 所示。

图 10-60　栏杆绘制示图 2

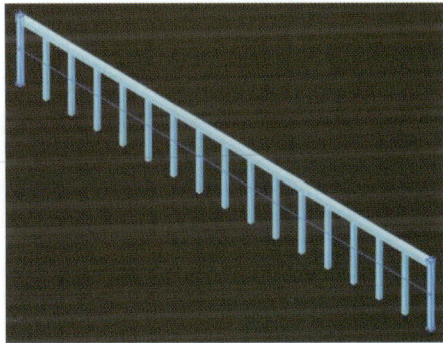

图 10-61　栏杆绘制示图 3

（7）在将栏杆放置在天猫头顶部时，先将横放的栏杆复制一份，作为天猫头前的装饰横条。

（8）选中栏杆，按 Ctrl 键和 G 键进行编组，并缩小，将它放置在天猫头顶部；然后复制一份并放置在天猫头顶部前方；接着将蓝色"11.11"置于顶层。

（二）装饰横条绘制

（1）将刚才复制得到的装饰横条缩小，放置在天猫头处。

（2）填充完颜色后，选中装饰横条，双击鼠标左键进入"隔离模式"，复制出足够数量的装饰横条。

（3）选中所有装饰横条，按 Ctrl 键和 G 键进行编组，最后双击鼠标左键退出"隔离模式"，得到图 10-62 所示的效果。

四、天猫头右侧面的装饰物绘制

（1）绘制一个长方形矩形，选择【效果】→【3D】→【凸出和斜角】，勾选【预览】复选框，【位置】选择【等角－上方】，调整【凸出厚度】，单击【确定】。

（2）选择【对象】→【扩展外观】，缩小图形，右击鼠标，选择【变换】→【对称】，勾选【预览】复选框，使图形垂直对称,单击【确定】,如图 10-63 所示。

图 10-62　装饰横条　　　　　图 10-63　天猫头右侧面的装饰物绘制示图 1

　　③复制装饰物并填充颜色。天猫头右侧面的装饰物呈白色,所以可以滴取屋檐的颜色进行填充。按住 Alt 键拖拽复制,再按 Ctrl 键和 D 键重复复制,然后将装饰物全部选中,按 Ctrl 键和 G 键进行编组,再按 Ctrl 键和 X 键,利用小白工具单击图 10-64 指定的面。

　　④单击图 10-64 指定的面后,按 Ctrl 键和 F 键进行编组,就可以将装饰物置于这一指定的面上了。

　　⑤将装饰物全部选中,双击鼠标左键进入"隔离模式",利用小白工具将上方锚点往上移动,再双击鼠标左键退出"隔离模式",天猫头右侧面的装饰物就绘制好了,如图 10-65 所示。

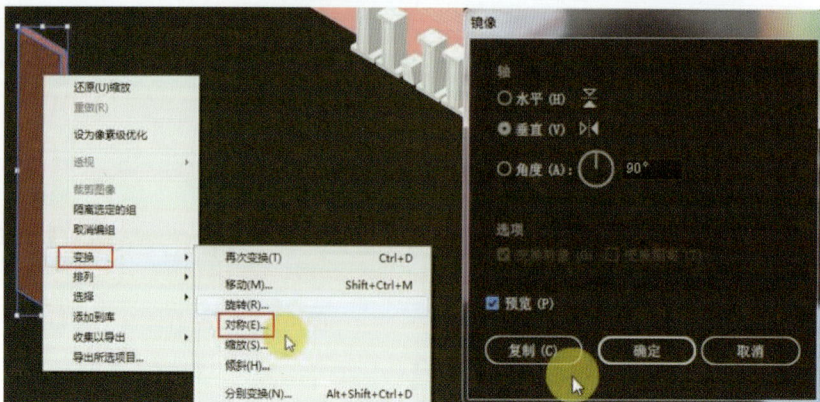

图 10-64　天猫头右侧面的装饰物绘制示图 2　　　　　图 10-65　天猫头右侧面的装饰物绘制示图 3

第三节　场景搭建与细节调整

　　本节课主要绘制天猫头上方的礼物盒、类似两个零的装饰物以及树并调整细节。具体步骤如下。

　　⑴对两个零进行绘制。先绘制一个长方形,选择【效果】→【3D】→【凸出和斜角】,勾选【预览】复选框,

【位置】选择【等角 - 上方】,调整【凸出厚度】,单击【确定】;将填充与描边进行互换,再将描边加粗,如图 10-66 所示。

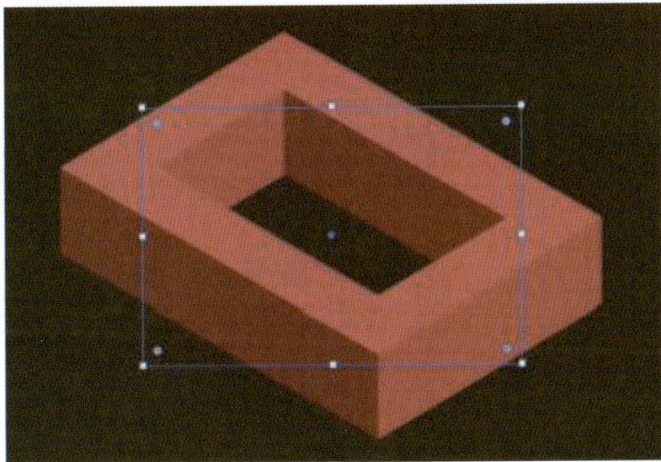

图 10-66　场景搭建与细节调整示图 1

（2）对礼物盒进行绘制。绘制一个正方形,选择【效果】→【3D】→【凸出和斜角】,勾选【预览】复选框,【位置】选择【等角 - 上方】,调整【凸出厚度】,单击【确定】。

（3）选择【对象】→【扩展外观】,将刚绘制好的矩形复制两份并保存;对矩形根据天猫头的光影关系,利用【滴管工具】滴取天猫头颜色进行填充,如图 10-67 所示。

（4）对于礼物盒上的装饰带,可以利用之前绘制的天猫头右侧面的装饰条,双击天猫头右侧面的装饰条,进入"隔离模式",按 Ctrl 键和 C 键进行复制,退出"隔离模式",按 Ctrl 键和 V 键进行粘贴。

（5）粘贴之后,选中复制得到的装饰条,右击鼠标,选择【取消编组】,保留一条装饰条;利用小白工具框选住装饰条右边的锚点,将它变窄并整体缩小。这样,装饰带就绘制好了,如图 10-68 所示。

图 10-67　场景搭建与细节调整示图 2

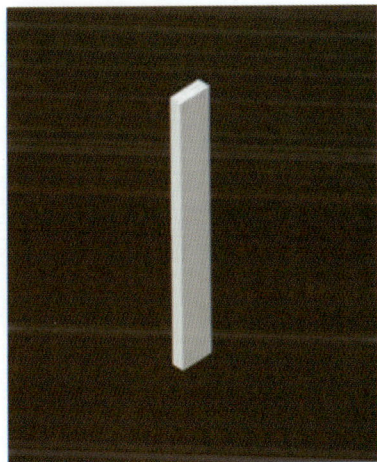

图 10-68　场景搭建与细节调整示图 3

（6）填充完颜色后,按住 Ctrl 键将装饰带贴于矩形上,再利用装饰带上的锚点进行拖拽,使装饰带与矩形边缘对齐。装饰带长度不够时,进入"隔离模式",利用小白工具进行拉长。

（7）按 Ctrl 键和 2 键将矩形锁定,再将装饰带复制一份,然后缩短复制得到的装饰带,如图 10-69 所示;将缩短后的装饰带放置在拉长过后的装饰带上,进入"隔离模式",将两装饰带对齐,如图 10-70 所示。

（8）选中缩短后的装饰带的左边及上方的三个锚点,进行拉长,如图 10-71 所示;拉长之后,退出"隔离模式",

将右侧的装饰带置于顶层,如图 10-72 所示。

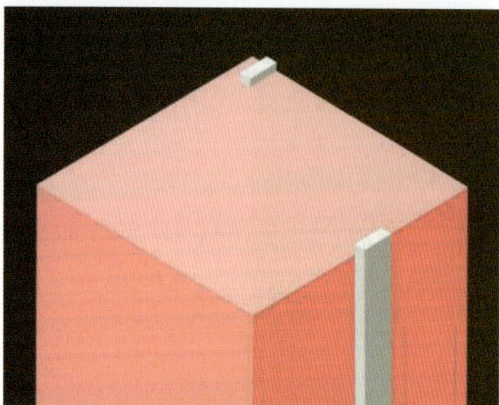

图 10-69　场景搭建与细节调整示图 4

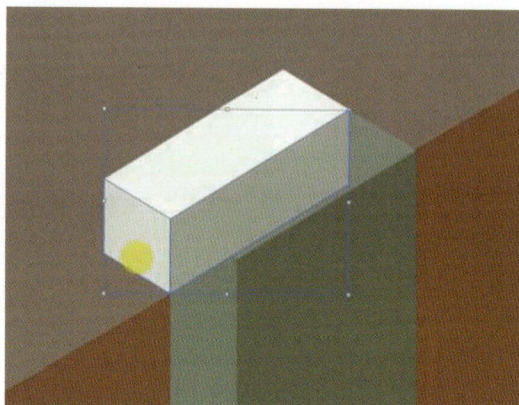

图 10-70　场景搭建与细节调整示图 5

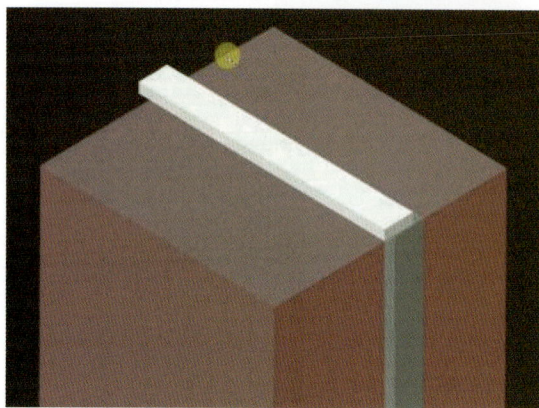

图 10-71　场景搭建与细节调整示图 6

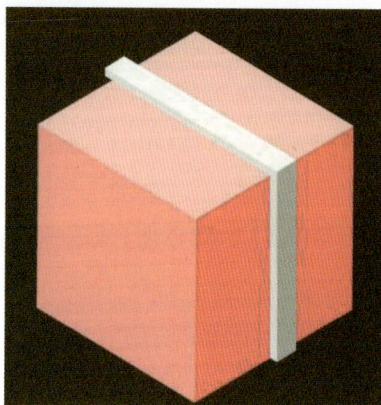

图 10-72　场景搭建与细节调整示图 7

(9) 在矩形跟装饰带交界处添加锚点,如图 10-73 所示。

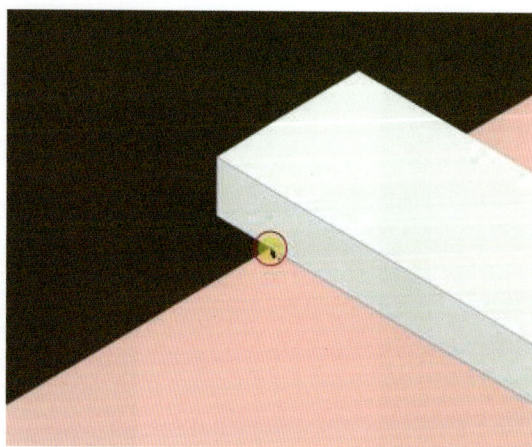

图 10-73　场景搭建与细节调整示图 8

(10) 利用 小白工具,选择此处的锚点往下拖拽,如图 10-74 所示。

(11) 将绘制好的两条装饰带整体复制一份,然后通过右侧属性窗口进行镜像,镜像之后调整至与矩形对齐,如图 10-75 所示。

(12) 将两条装饰带的颜色进行互换,利用小白工具选择图 10-76 所示的这一个块面,然后按 Ctrl 键和 X 键,退出小白工具后再按 Ctrl 键和 F 键,效果如图 10-77 所示。

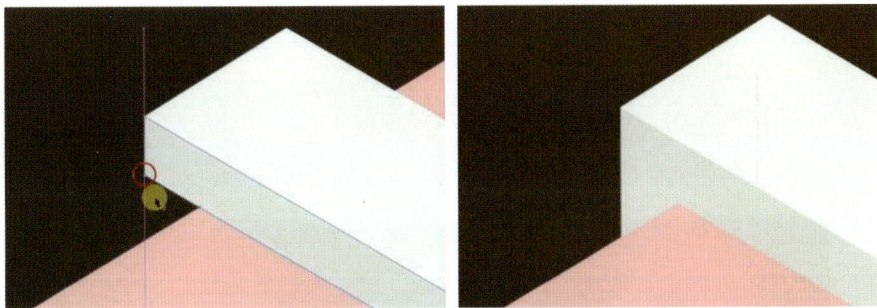

图 10-74　场景搭建与细节调整示图 9

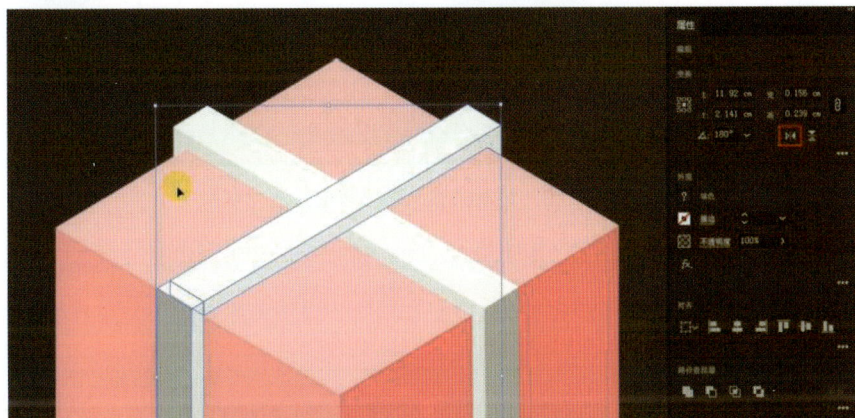

图 10-75　场景搭建与细节调整示图 10

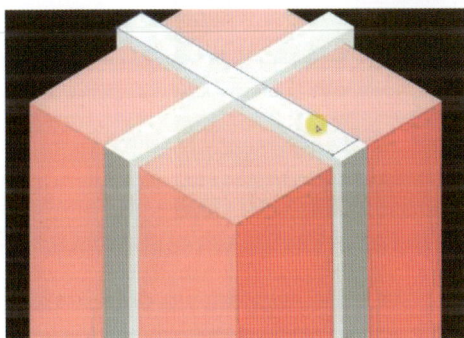

图 10-76　场景搭建与细节调整示图 11

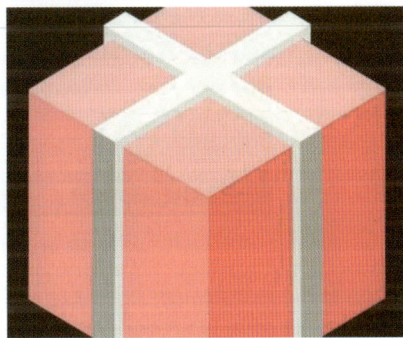

图 10-77　场景搭建与细节调整示图 12

（13）颜色互换之后，再对两条装饰带进行颜色上的调整，调整之后，装饰带十字交叉处出现了颜色混乱，此时可以在该十字交叉处设置一个锚点，在矩形跟装饰带上添加三处锚点（圆框），拉动中间的锚点（方框）与上方对齐，这样礼物盒便制作完成了，如图 10-78 所示。

图 10-78　场景搭建与细节调整示图 13

（14）礼物盒制作完之后,将制作好的装饰带全部选中,按 Ctrl 键、Alt 键和 2 键解锁对象,然后将礼物盒全部选中,按 Ctrl 键和 +G 键进行编组。

（15）将制作好的礼物盒复制两份,对其中一个礼物盒进行颜色上的更改,可以滴取之前绘制好的遮雨篷的蓝色对它进行填充;然后对复制得到的另一个礼物盒填充黄色,并根据明暗关系调整颜色,结果如图 10-79 所示。

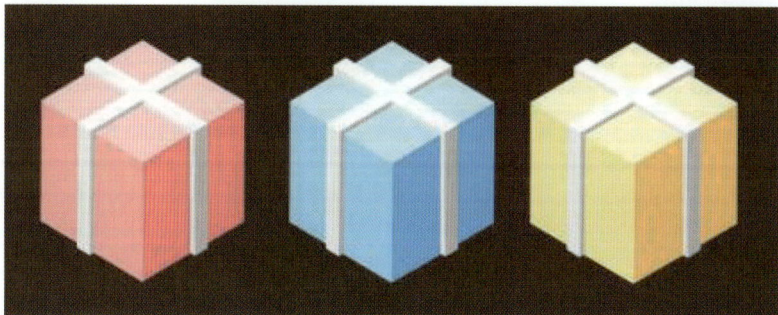

图 10-79　场景搭建与细节调整示图 14

（16）对最初绘制好的"零"形状图案进行颜色填充,可滴取之前绘制好的遮雨篷的蓝色对它进行颜色填充;填充好后,绘制"零"形状图案的底层,利用【钢笔工具】在"零"形状图案表面绘制一个块面,颜色稍微采用深点的蓝色,然后将该块面置于底层,如图 10-80 所示。

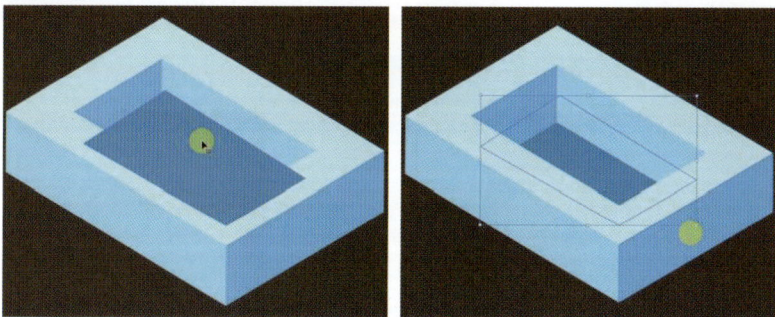

图 10-80　场景搭建与细节调整示图 15

（17）在天猫头上方和装饰物下方,有类似"地毯"的装饰效果,这时我们可以将刚才填充黄色的礼物盒复制一份出来进行更改。具体做法是:将复制好的礼物盒上的装饰带全部删除,留矩形部分,选中矩形部分下半部分的锚点往上拖拽,便可形成类似"地毯"的效果,如图 10-81 所示。

（18）制作完地毯之后,将地毯放置在天猫头上,选中它,进入"隔离模式",通过拖拽锚点,对它进行一定的拉伸后退出"隔离模式",然后调节图层的顺序,如图 10-82 所示。

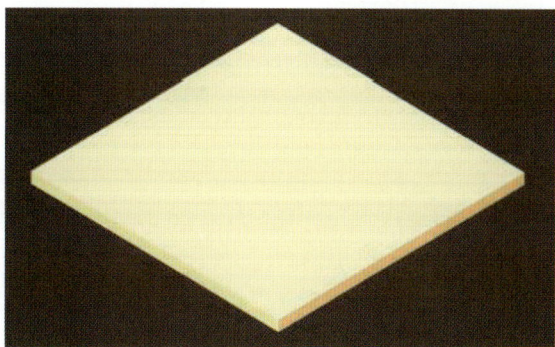

图 10-81　场景搭建与细节调整示图 16

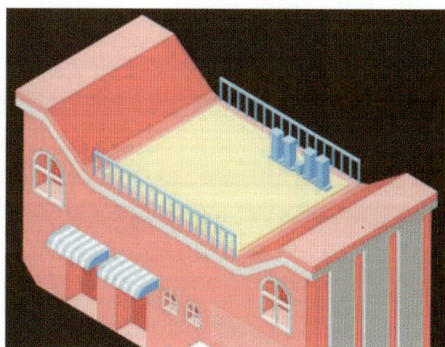

图 10-82　场景搭建与细节调整示图 17

（19）对制作好的"零"形状图案以及礼物盒添加阴影，选中处在"零"形状图案上方的块面，对其进行复制，接着将复制得到的块面粘贴在底层，然后置于底层，最后与各自的阴影部分进行编组，如图10-83所示。

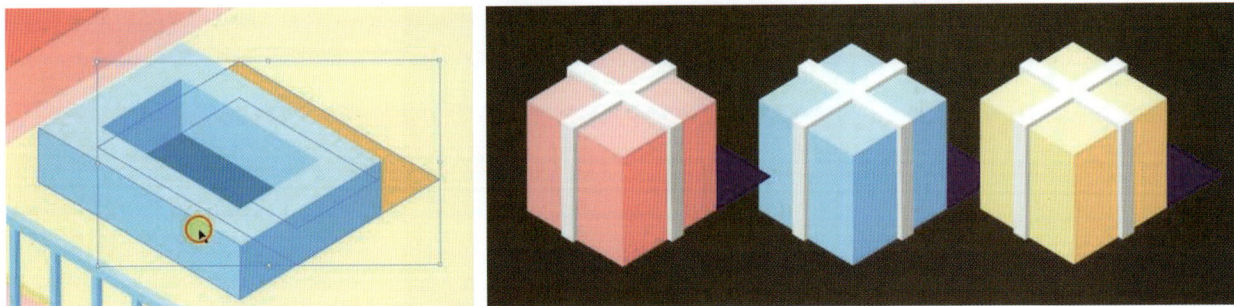

图10-83　场景搭建与细节调整示图18

（20）绘制三层效果的树。在绘制礼物盒之前，提前复制了两个矩形，这里便利用这两个矩形绘制树。取其中一个矩形，利用小白工具，选择删除矩形上方的块面，然后将凸出来的两个尖端部分的锚点选中，如图10-84所示，通过右侧属性窗口中的【锚点】减去锚点，然后选中中间凸出的锚点进行拉长，结果如图10-85所示。

将图10-85中的图形进行两次复制，并且为了体现三层的效果，在两次复制的过程中对图形进行缩小，效果如图10-86所示。

（21）绘制类似"尖头"的树。将刚才绘制好的类似三角状的图形复制一份，选中中间凸出的锚点进行拉长，便可获得案例效果图中的效果，如图10-87所示。

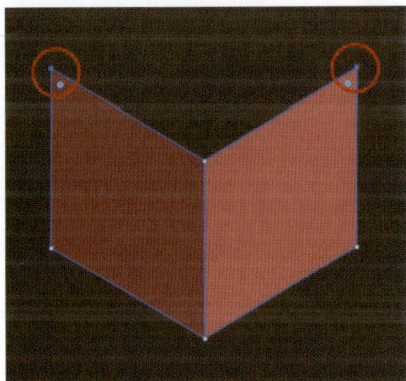

图10-84　场景搭建与细节调整示图19

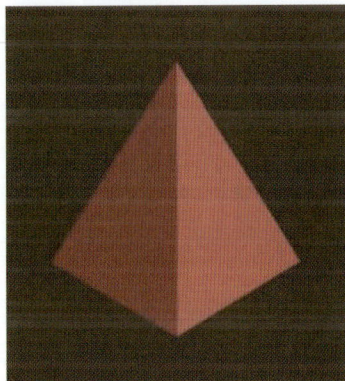

图10-85　场景搭建与细节调整示图20

图10-86　场景搭建与细节调整示图21

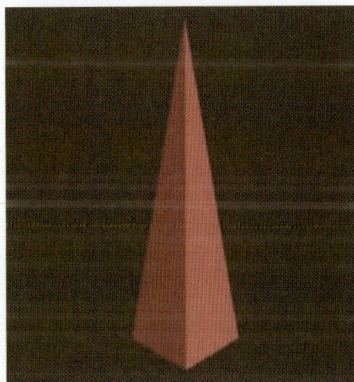

图10-87　场景搭建与细节调整示图22

（22）对绘制好的三层效果的树进行颜色填充。采用绿中带点蓝的颜色，对其中一个块面进行填充，然后选择小白工具，选择其他块面，基于刚才填充的块面，使用【滴管工具】滴取颜色进行填充，最后使用拾色器进行颜色调整,效果如图 10-88 所示。

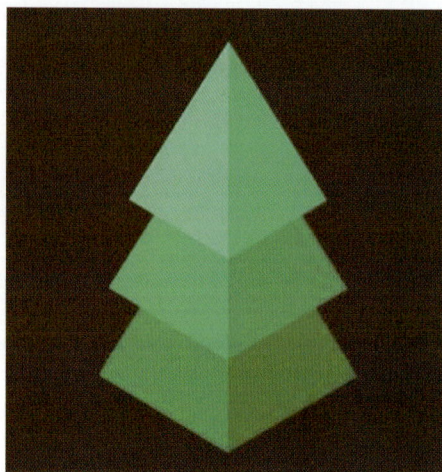

图 10-88　场景搭建与细节调整示图 23

（23）绘制三层效果的树的阴影。可以直接用【钢笔工具】对树添加一个块面,再按 Ctrl 键和 X 键,接着单击图 10-89 所示的块面,按 Ctrl 键和 F 键,再滴取刚才所单击的旁边块面的颜色进行填充,效果如图 10-90 所示。

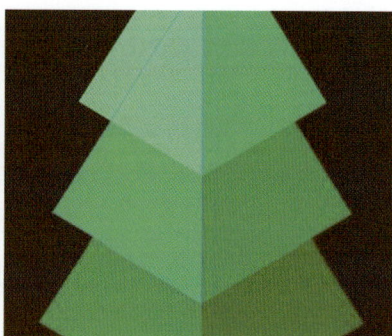

图 10-89　场景搭建与细节调整示图 24

图 10-90　场景搭建与细节调整示图 25

（24）绘制三层效果的树顶上的白色部分。可以用【钢笔工具】添加一个块面,如图 10-91 所示;然后选择小白工具,选择图 10-91 所示的两个部分,复制一份,做交集处理后,填充白色;另一面上的白色部分的绘制采用同样的操作步骤,只是颜色可选用灰色,如图 10-92 所示。

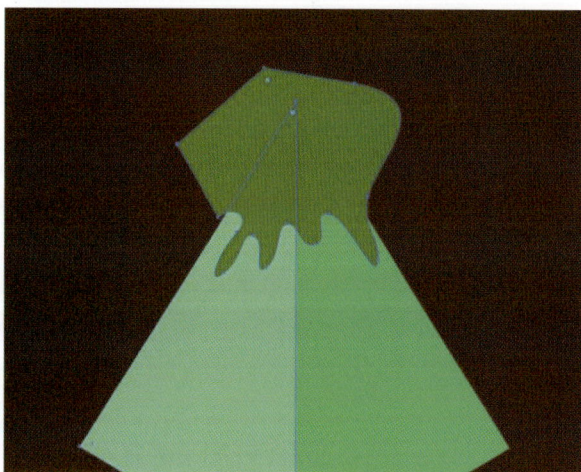

图 10-91　场景搭建与细节调整示图 26

图 10-92　场景搭建与细节调整示图 27

（25）绘制树干。选择最初复制的另一个矩形，将它缩小，利用小白工具将它拉长后，移至树的下面，接着进行颜色填充和调整，最后将树干全部选中进行编组，如图10-93所示。

图10-93　场景搭建与细节调整示图28

（26）对树干添加阴影。用【钢笔工具】添加一个块面，并置于树的下方，然后将该块面置于底层，如图10-94所示。

图10-94　场景搭建与细节调整示图29

（27）将树整体进行缩小，放置在合适位置后，复制一份并调整位置，使二者并齐；阴影可以滴取"零"的阴影颜色进行颜色填充，然后利用小白工具将阴影单独选中，将阴影放置在地毯的上方；接着将树所在位置的栏杆置于顶层，如图10-95所示。

（28）将树全部选中再复制一份，适当缩小后放置在先前绘制好的"11.11"的后方。这时如果投影过于突出，则可以对阴影添加剪切的效果，做法是：选择小白工具，选择地毯的上方块面，按Ctrl键和C键，然后单击阴影块面，按Ctrl键和B键，做交集处理；对另一棵树的阴影做同样的处理，结果如图10-96所示。

（29）天猫顶部中间有一棵树，所以复制出来一棵树，按住Shift键进行拉大，然后将它放置在合适位置。

（30）将制作好的礼物盒依据案例效果图的摆放位置和大小进行摆放位置和大小调整，然后填充阴影的颜色，结果如图10-97所示。

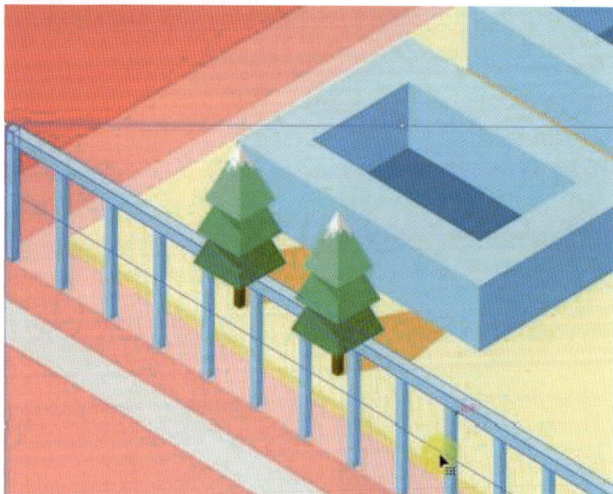

图 10-95　场景搭建与细节调整示图 30

图 10-96　场景搭建与细节调整示图 31

图 10-97　场景搭建与细节调整示图 32

第四节　细节装饰与场景完善搭建

（1）选择【画笔工具】，调整好画笔的大小；使用【滴管工具】吸取红色礼物盒左侧块面的颜色，然后随机在画布上进行点击；接着，滴取黄色和蓝色礼物盒的颜色进行点击，形成装饰点的效果，如图 10-98 所示。

（2）将装饰点全部选中，对全部的装饰点进行编组，再进行缩小，然后将装饰点移至树的前方，按 Ctrl 键和 X 键，双击鼠标左键进入"隔离模式"后，按 Ctrl 键和 F 键将装饰点放置在树的上方，适当放大装饰点，然后整体取消编组，退出"隔离模式"，如图 10-99 所示。

图 10-98　细节装饰与场景完善搭建示图 1

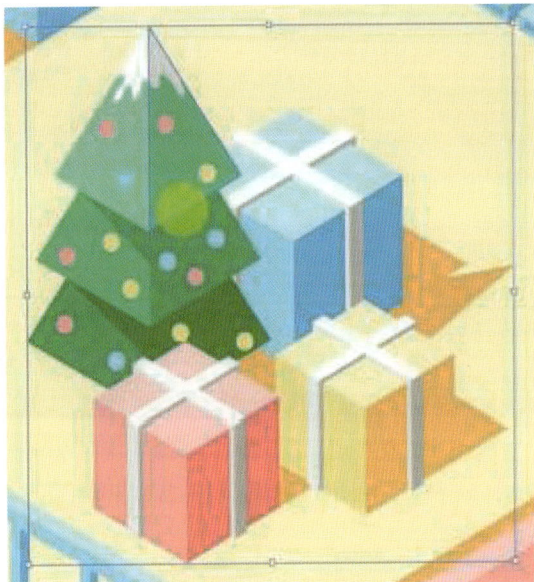

图 10-99　细节装饰与场景完善搭建示图 2

（3）将前面装饰好的整棵树以及它的阴影复制一份放置在一边，并将复制的树的装饰点都删除，然后放置在天猫头下方 "11.11" 的前方；将三个礼物盒进行多次复制，并对它们进行摆放（摆放时要注意图层顺序），如图 10-100 所示。

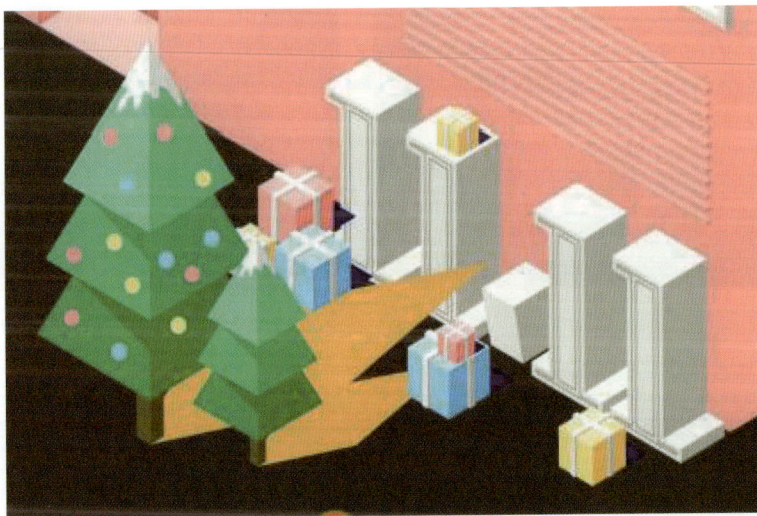

图 10-100　细节装饰与场景完善搭建示图 3

（4）摆放完后，对于这些装饰物来说，它们的阴影变得杂乱了，因此绘制一个能够放置装饰物以及天猫头的台面。

先绘制台面上方的一个块面，单击【矩形工具】组下方的【多边形工具】，按住 "↑" 键选择 "八边形" 形式绘制出一个图形，接着选择【效果】→【3D】→【凸出和斜角】，勾选【预览】复选框，【位置】选择【等角 - 上方】，调整【凸出厚度】，单击【确定】；然后选择【对象】→【扩展外观】，效果如图 10-101 所示。

（5）将之前绘制的类似 "尖头" 的树复制一份，并进行反向；然后将反向后的树跟绘制好的八边形块面全部选中，通过右侧属性窗口的【对齐】进行【居中对齐】处理。

（6）居中对齐之后，拖拽反向的树的尖端锚点进行一定的缩小，删除右边的块面，如图 10-102 所示。

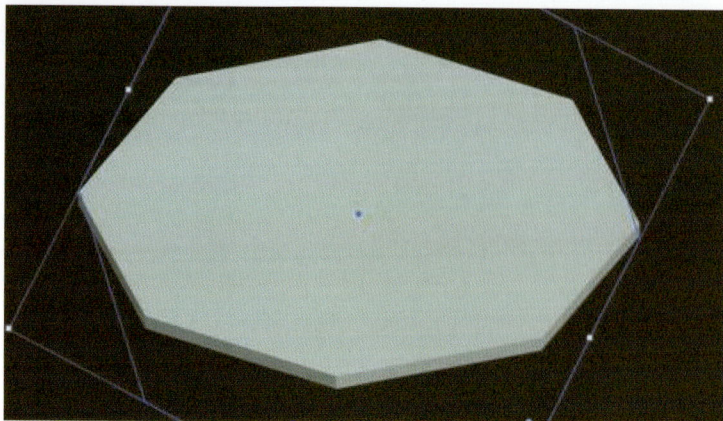

图 10-101　细节装饰与场景完善搭建示图 4

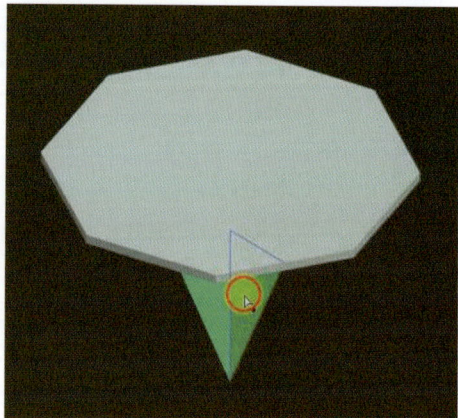

图 10-102　细节装饰与场景完善搭建示图 5

（7）对剩下的块面进行修改。选中剩下块面上方的两个锚点，然后进行拖拽，调整至与八边形块面的角对齐，如图 10-103 所示。

（8）对齐之后，复制一层，拖动左边上方的锚点，与八边形块面右边的一角对齐，如图 10-104 所示。

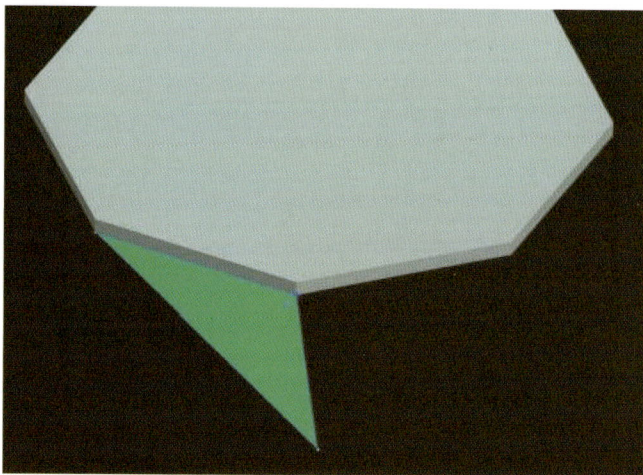

图 10-103　细节装饰与场景完善搭建示图 6

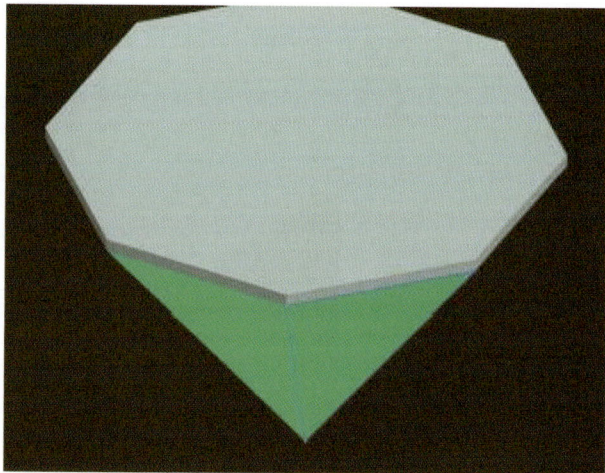

图 10-104　细节装饰与场景完善搭建示图 7

（9）填充颜色，如图 10-105 所示。

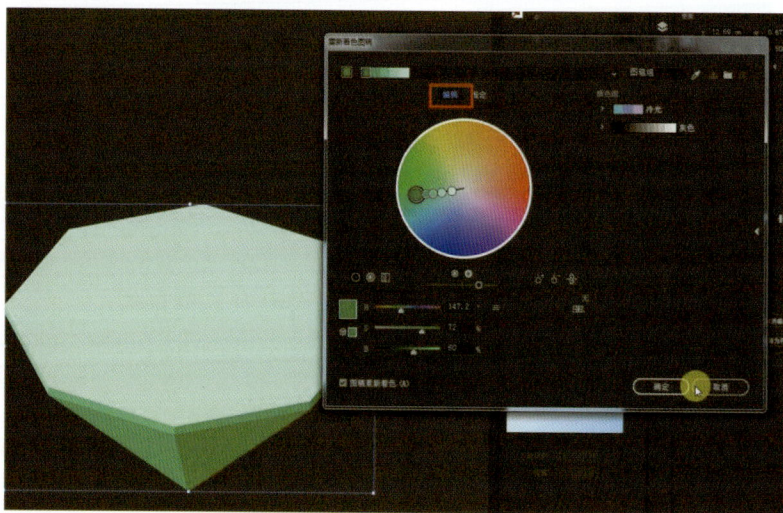

图 10-105　细节装饰与场景完善搭建示图 8

（10）调整完颜色之后，对整体台面进行编组；然后将整体台面放大，并放置在装饰物以及天猫头的上方，置于底层，接着对锁定整体台面，如图 10-106 所示。

（11）锁定整体台面后，对装饰物的阴影进行调整，结果如图 10-107 所示。

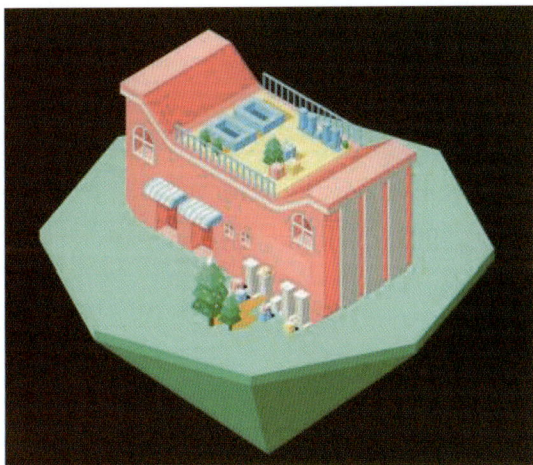

图 10-106　细节装饰与场景完善搭建示图 9

图 10-107　细节装饰与场景完善搭建示图 10

（12）同理，对礼物盒的阴影进行调整。除了个别处在不同位置的礼物盒的阴影，需要根据礼物盒所放位置而对图层位置和颜色进行更改，如图 10-108 所示；图 10-109 中所选中的阴影的图层，需要放置在树的阴影的图层上方。

图 10-108　细节装饰与场景完善搭建示图 11

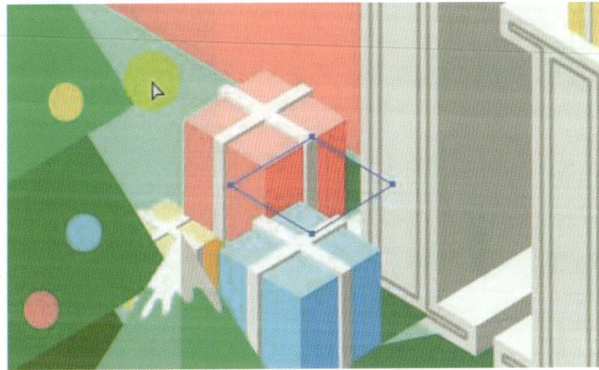

图 10-109　细节装饰与场景完善搭建示图 12

（13）选择"11.11"中的一个"1"的上方块面复制一份，并放置在图层顶上，然后进行放大，如图 10-110 所示。

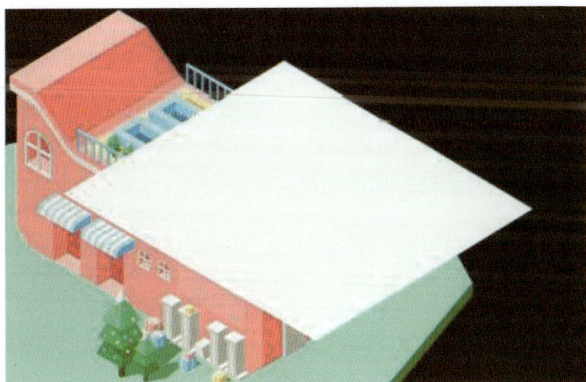

图 10-110　细节装饰与场景完善搭建示图 13

（14）用【滴管工具】滴取台面上方块面的颜色，对刚刚复制得到的块面进行颜色填充；接着，对台面解除锁定，选中台面上方的块面，复制一份，然后单击刚刚通过填充颜色的块面，按 Ctrl 键和 F 键，将复制的台面上方块面放置在它上方，如图 10-111 所示，接着对这两个块面进行交集处理，天猫头的投影就绘制好了，如图 10-112 所示。

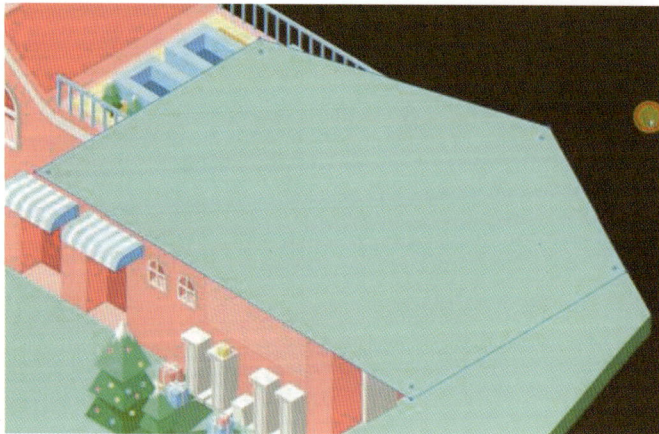

图 10-111　细节装饰与场景完善搭建示图 14

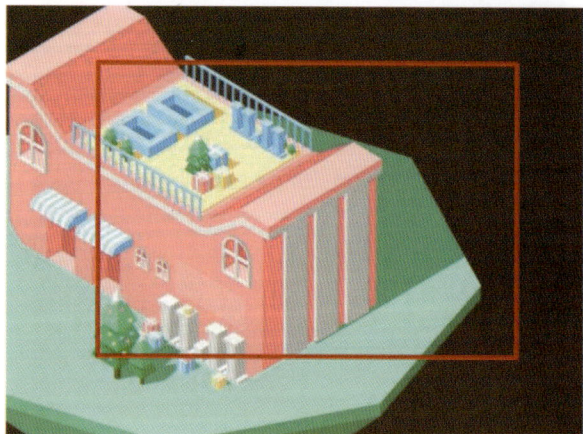

图 10-112　细节装饰与场景完善搭建示图 15

（15）将绘制好的天猫头的投影放置在适当的位置上方，滴取树阴影的颜色对它进行填充，如图 10-113 所示。

图 10-113　细节装饰与场景完善搭建示图 16

（16）天猫头的阴影绘制之后，可将之前绘制好的类似"尖头"的树放置过来。选中绘制好的类似"尖头"的树，对它进行多次复制和放大缩小，然后将这些树放置在天猫头阴影上方，将它们一起选中，按 Ctrl 键和 X 键，再单击阴影并按 Ctrl 键和 F 键放置在天猫头阴影上方，如图 10-114 所示。

（17）对天猫头的左侧添加装饰。可以将绘制的两种不同的树以及两个不同颜色的礼物盒都各复制一份，调整图层顺序以及摆放位置，放置在天猫头的左侧，如图 10-115 所示。

（18）绘制马路。在这里选中任意一个礼物盒复制一份，选中复制得到的图形后右击鼠标，在弹出的菜单中选择【取消编组】；选择去掉阴影部分以及装饰带，选择它下方的锚点向上拖拽，再将左侧前方的锚点往内拖拽，如图 10-116 所示。

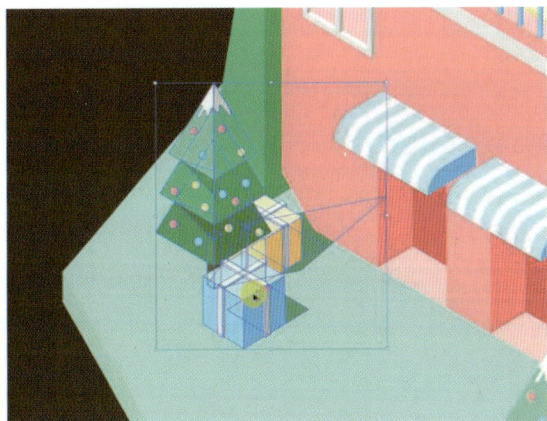

图 10-114　细节装饰与场景完善搭建示图 17

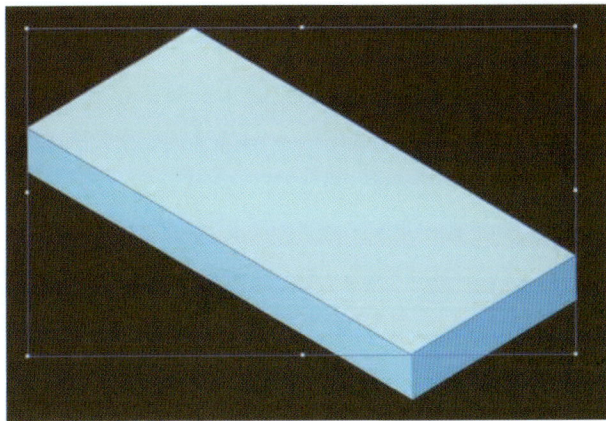

图 10-115　细节装饰与场景完善搭建示图 18

（19）绘制马路的阴影，填充马路颜色。选择马路上方的块面复制一份，并放置在底层，调整好位置，然后采用树的阴影色进行颜色填充；马路的颜色采用的是白色，因此可以利用【滴管工具】滴取装饰带上的颜色进行填充，如图 10-117 所示。

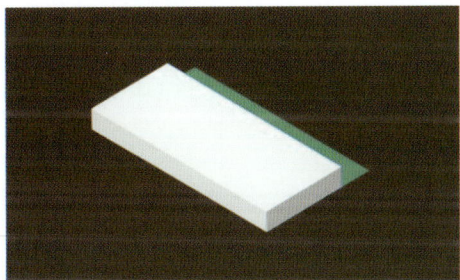

图 10-116　细节装饰与场景完善搭建示图 19

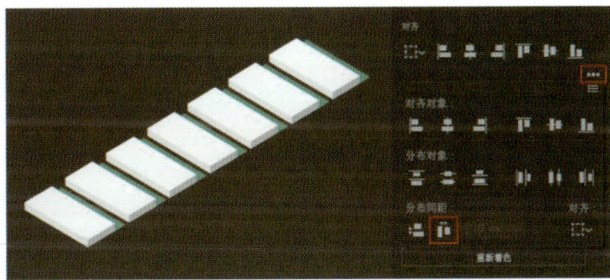

图 10-117　细节装饰与场景完善搭建示图 20

（20）填充完颜色后，对整体进行编组；对着一个角按 Ctrl 键和 D 键进行多次复制，接着将处在中间的几个删除，然后将它们全部选中，在右侧属性窗口单击【对齐】中的【···】，选择【水平分布间距】，如图 10-118 所示，最后对整体进行编组，马路便绘制完成了。

（21）将绘制好的马路复制一份，并将它们放置在门前，如图 10-118 所示。

（22）将所有图形选中，对整体进行编组，如图 10-119 所示。

至此，完成了全部绘制工作。

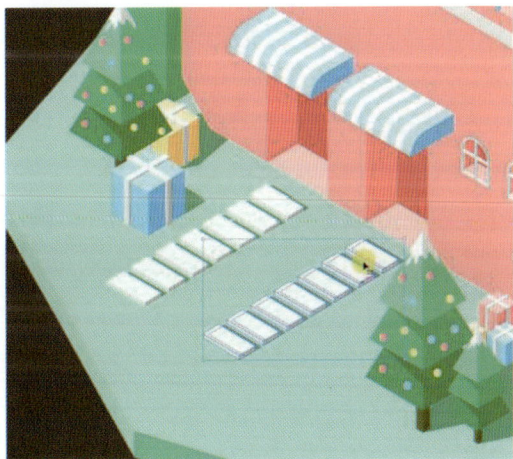

图 10-118　细节装饰与场景完善搭建示图 21

图 10-119　细节装饰与场景完善搭建示图 22

— 课后练习 —

　　1.请分析在2.5D插画设计中如何通过元素构图和色彩搭配来增强视觉效果?

　　2.结合本章内容,设计一个简单的2.5D插画并说明你的设计思路。

　　3.在插画设计中,细节调整对整体效果有何影响?请结合具体案例,说明如何通过细节调整来提升插画的整体视觉效果。

　　4.讨论3D工具在2.5D插画设计中的作用,并简述如何利用3D工具制作出具有层次感的插画元素。

　　5.结合本章内容,分析当前2.5D插画设计的趋势。你认为未来的插画设计会朝哪个方向发展?请给出你的见解并说明理由。

[1] 李万军 . 移动 UI 设计 [M]. 北京：人民邮电出版社，2022.

[2] 徐鹏 . 全链路 UI 设计 [M]. 北京：人民邮电出版社，2021.

[3] 吕云翔，杨婧玥 .UI 交互设计与开发实战 [M]. 北京：机械工业出版社，2020.

[4] 童元园 .UI 图标创意设计 [M]. 北京：人民邮电出版社，2019.

[5] 何福贵 .UI 动效设计：从入门到精通 [M]. 北京：机械工业出版社，2018.

[6] 张晓景，李晓斌 . 移动 UI 界面设计（微课版）[M]. 北京：人民邮电出版社，2018.

[7] 华天印象 .Photoshop 移动 UI 设计完全实例教程 [M]. 北京：人民邮电出版社，2018.

[8] 水木居士 .Photoshop CC 移动 UI 设计实用教程 [M]. 北京：人民邮电出版社，2018.

[9] 周嘉 .Photoshop 移动 UI 设计基础与案例教程 [M]. 北京：人民邮电出版社，2017.

[10] 梦工场科技集团 .UI 设计 [M]. 重庆：重庆大学出版社，2017.

[11] 葛林 . 移动游戏 UI 设计专业教程 [M]. 北京：人民邮电出版社，2017.

[12] 张晨起 .Photoshop UI 交互设计 [M]. 北京：人民邮电出版社，2016.

[13] 张晨起 .Photoshop 移动 UI 设计 [M]. 北京：人民邮电出版社，2016.

[14] 任然，陈甫 .UI 设计：从图标到界面完美解析 [M]. 重庆：重庆大学出版社，2016.

[15] 陈燕，戴雯惠 . 移动平台 UI 交互设计与开发 [M]. 北京：人民邮电出版社，2014.